SANXIA ZIGUI DIQU PUTONG SHENGTAIXUE
YEWAI SHIXI ZHIDAOSHU

三峡秭归地区普通生态学野外实习指导书

主 编 顾延生 葛继稳
副主编 程丹丹 杨晓菁 冯 亮

图书在版编目(CIP)数据

三峡秭归地区普通生态学野外实习指导书/顾延生,葛继稳主编. —武汉:中国地质大学出版社,2016.7

ISBN 978-7-5625-3856-1

Ⅰ.①三…
Ⅱ.①顾… ②葛…
Ⅲ.①生态学-教育实习-秭归县-高等学校-教学参考资料
Ⅳ.①Q14-45

中国版本图书馆 CIP 数据核字(2016)第 160748 号

三峡秭归地区普通生态学野外实习指导书		顾延生 葛继稳 主编
责任编辑:王 敏 张 琰	选题策划:张 琰	责任校对:张咏梅
出版发行:中国地质大学出版社(武汉市洪山区鲁磨路388号)		邮政编码:430074
电 话:(027)67883511	传 真:67883580	E-mail:cbb@cug.edu.cn
经 销:全国新华书店		http://www.cugp.cug.edu.cn
开本:787毫米×1 092毫米 1/16	字数:263千字	印张:10.25
版次:2016年7月第1版	印次:2016年7月第1次印刷	
印刷:武汉市籍缘印刷厂	印数:1—2 000册	
ISBN 978-7-5625-3856-1		定价:28.00元

如有印装质量问题请与印刷厂联系调换

前 言

作为中国西南重要的生态屏障和生态走廊,三峡库区生物多样性丰富,共有维管植物6000多种,国家珍稀濒危保护野生植物37种,陆生野生脊椎动物600余种,国家级重点保护陆生脊椎动物60余种。长期以来,自然地质地貌和人类活动对生物多样性有着较大的影响,生态环境正在恶化,突出表现有森林覆盖率降低、水土流失严重和生物多样性下降。三峡工程兴建带来了强大的防洪、发电、航运等效益,同时也带来了不可忽视的生态与环境问题,如库岸消落带—污染带扩大与地质灾害问题等。漫长的地质演化叠加了人类活动的影响,三峡库区地质生态环境已经十分脆弱,开展三峡库区生态环境地质问题调查研究意义重大。生态学科的生命力在于解决人类面临的重大生态环境问题和社会经济发展中的众多生态与可持续发展问题。

本指导书编者系统开展了三峡库区(秭归和大老岭地区)不同地质地貌区植物多样性、植被类型、种群动态、群落生态以及综合生态环境调查研究,详细调查了典型植物群落的组成、动态、分布与地形地貌、岩性、土壤、水文及人类活动的关系,针对有关生态环境问题提出相应的保护和治理措施,这不仅为三峡库区的生态保护与治理提供了重要参考,而且极大地促进了长江经济带生态文明建设。

本指导书涉及的普通生态学调查研究内容较广泛,具有丰富的野外第一手资料,具备较强的野外实践指导性,可供生物、生态、地理、环境、城乡规划、公共管理等领域的相关师生野外调查实习指导与参考。本指导书编者在中国地质大学(武汉)生物系师生自2005年以来开展的野外生态学教学实习成果的基础上,对相关教学研究成果和阶段性认识进行了归纳、整理和出版,希望起到抛砖引玉的作用。敬请广大师生提出宝贵意见,以便今后进一步完善本书。

本指导书前言和第1、4、7、8、9章由顾延生编写,第2章由程丹丹编写,第3章由葛继稳、杨晓菁、程丹丹编写,第5章由顾延生、葛继稳编写,第6章由杨晓菁编写,附表由葛继稳、程丹丹、杨晓菁编写,鸟类照片由杨晓菁拍摄,图版制作由冯亮完成,最后由顾延生负责统稿。野外一系列教学实践活动得到了校教务处、秭归实习基地、三峡大老岭自然保护区、三峡植物园等单位长期的支持。本书出版得到了中国地质大学(武汉)"生物科学专业综合改革试点"项目资助。其中月亮包植物、土壤重金属数据由彭兆丰教授提供,地貌资料由彭红霞副教授提供,水文地质资料由马传明副教授提供,地层资料由林晓副教授提供,生物系王红梅教授、彭兆丰教授、李继红老师和硕士研究生高媛媛、田忠赛、徐琳等参加了野外调查,硕士研究生吴珂、余舒琪协助完成资料收集和图件清绘工作,在此一并感谢。

编 者

2016年5月18日于南望山下

目 录

第1章 区域概况 …………………………………………………………………… (1)
  1.1 实习区基本概况 ……………………………………………………………… (1)
  1.2 实习区自然地理概况 ………………………………………………………… (2)
  1.3 实习区生态与环境调查 ……………………………………………………… (5)
  1.4 区域地质概况 ………………………………………………………………… (6)

第2章 生态学野外调查工作方法 ……………………………………………… (12)
  2.1 生态学野外调查研究的基本方法 …………………………………………… (12)
  2.2 生态学调查研究的基本内容 ………………………………………………… (13)
  2.3 生态学野外调查的注意事项 ………………………………………………… (15)

第3章 生物多样性资源调查 …………………………………………………… (16)
  3.1 陆生脊椎动物资源 …………………………………………………………… (16)
  3.2 植物资源调查 ………………………………………………………………… (18)
  3.3 国家重点保护野生植物 ……………………………………………………… (26)

第4章 植物种群生态学调查 …………………………………………………… (28)
  4.1 植物种群空间分布格局调查 ………………………………………………… (28)
  4.2 种群空间分布格局调查实例分析 …………………………………………… (29)
  4.3 植物种群年龄结构调查 ……………………………………………………… (31)

第5章 植物群落生态学调查 …………………………………………………… (37)
  5.1 群落数量特征调查 …………………………………………………………… (37)
  5.2 物种多样性的测定 …………………………………………………………… (38)
  5.3 植物种-面积曲线编绘 ……………………………………………………… (41)
  5.4 植物群落样方调查及命名 …………………………………………………… (46)
  5.5 太平溪镇消落带植物群落多样性分布格局调查 …………………………… (60)
  5.6 月亮包金矿尾矿地植物群落与环境调查 …………………………………… (66)
  5.7 植物群落演替调查分析 ……………………………………………………… (71)
  5.8 实习区植被分布调查与植物区系分析 ……………………………………… (76)
  5.9 植物区系分析 ………………………………………………………………… (80)

第6章 动物生态学调查 ………………………………………………………… (82)
  6.1 动物野外调查的准备工作 …………………………………………………… (82)

6.2　动物的野外观察与识别 …………………………………………………… (83)
   6.3　动物数量调查 …………………………………………………………… (85)
   6.4　动物群落生态学调查 …………………………………………………… (87)

第7章　综合生态环境地质调查评价 ……………………………………………… (91)
   7.1　脆弱地质环境与灾害 …………………………………………………… (91)
   7.2　实习区主要生态环境地质问题 ………………………………………… (92)
   7.3　人类活动对坝区生态环境的影响评价 ………………………………… (94)
   7.4　生态环境保护和重建对策研究 ………………………………………… (96)
   7.5　秭归历史文化与三峡工程 ……………………………………………… (98)

第8章　野外实习教学路线介绍 ………………………………………………… (101)
   8.1　路线1　三峡植物园与宜昌中华鲟园路线 …………………………… (101)
   8.2　路线2　泗溪生态园地貌、植被观察路线 …………………………… (102)
   8.3　路线3　秭归夔龙山森林公园观察路线 ……………………………… (103)
   8.4　路线4　邓村山地次生植被、库区消落带植被调查 ………………… (104)
   8.5　路线5　高家溪砂岩风化区植物种群、群落生态调查路线 ………… (104)
   8.6　路线6　月亮包金矿尾矿地植物群落与环境调查路线 ……………… (105)
   8.7　路线7　三峡链子崖、新滩地质灾害与植被分布调查路线 ………… (106)
   8.8　路线8　三峡大坝区生态环境综合调查路线 ………………………… (107)
   8.9　路线9　张家冲小流域水土流失与亚热带低山植被调查 …………… (108)
   8.10　路线10　大老岭亚热带山地落叶、常绿阔叶林考察 ……………… (109)

第9章　实习目的、要求与准备 ………………………………………………… (111)
   9.1　实习目的 ………………………………………………………………… (111)
   9.2　实习要求 ………………………………………………………………… (111)
   9.3　准备事项 ………………………………………………………………… (111)
   9.4　注意事项 ………………………………………………………………… (112)
   9.5　教学实习进程 …………………………………………………………… (113)

主要参考文献 ……………………………………………………………………… (115)

附表 ………………………………………………………………………………… (118)

图版说明及图版 …………………………………………………………………… (137)

第1章 区域概况

1.1 实习区基本概况

实习区覆盖秭归县三峡水库周边、宜昌大老岭自然保护区、宜昌三峡植物园等地。下文主要介绍中国地质大学(武汉)秭归实习基地与大老岭自然保护区的概况。秭归县位于湖北省西部、长江三峡之西陵峡畔。中国地质大学(武汉)秭归产学研实习基地坐落在秭归新县城文教小区,距三峡大坝1km(图1-1)。该实习基地于2004年11月26日工程奠基,工程总投资5600万元,一期工程2006年竣工,随后开始投入使用,正式接纳校内外学生进行野外实习。该教学实习基地是中国地质大学继周口店、北戴河之后建立的一个具有多功能、综合性的产学研基地。

实习区地质矿产调查历史悠久。1863—1914年间,先后有美国庞德勒(Pumpelly)、威理士(Willis)、德国人李希霍芬(F. Richthofen)等开展过地质调查。1924—1949年间,李四光对

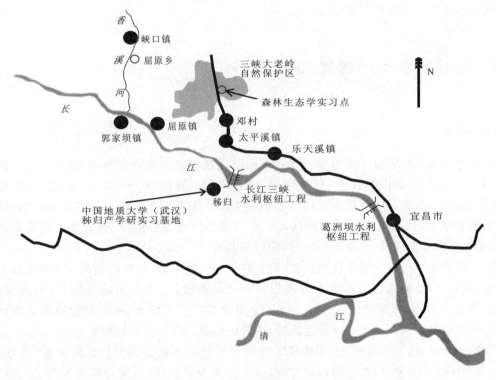

图1-1 三峡地区生态实习交通示意图

该区作了较详细的地质调查,著有"峡东地质及三峡历史"一文,较详尽论述了地层、构造及第四纪冰川等。随后谢家荣、赵亚曾、王钰、孙云铸、斯行健、尹赞勋等老一辈地质学家陆续进行了调查,为三峡地区的进一步研究奠定了基础。新中国成立后,先后有多个地质调查研究单位对该地区进行了比较深入的地质调查和勘探工作。自三峡工程开工建设以来,先后有长江水利委员会、中国地质大学、中国科学院(简称中科院)南京地质古生物研究所等数十家单位对三峡地区的基础地质、工程地质等进行了详细研究,取得了大量成果。

秭归产学研实习基地周边 5~20km 范围内的地貌、地质、地理、灾害、环境和植被生态现象典型,地层、构造和历史人文地理现象丰富。以闻名遐迩的黄陵岩体(三峡大坝坝基)、震旦纪国际标准层型剖面、新滩滑坡、链子崖危岩体、西陵峡峡谷地貌、泗溪生态园、大老岭森林公园、三峡植物园、宜昌中华鲟园等为代表,使得该实习区成为一个集基础地质、工程地质、地理科学、生物学、生态学、环境科学等多学科实践教学于一体的不可多得的综合性产学研基地。

此外,森林生态实习点所在的三峡大老岭自然保护区位于湖北宜昌市境内(图 1-1),地理坐标为:N 30°51′24″—31°07′02″,E 110°54′32″—110°59′45″,以原宜昌市国营大老岭林场为主体,涵盖夷陵区邓村乡、太平溪镇西部 16 个村,行政区划上属宜昌市夷陵区管辖,包括原大老岭国营林场、夷陵区邓村乡和太平溪镇的一部分。三峡大老岭自然保护区北与著名的昭君故里兴山县峡口镇、水月寺镇毗邻,东与宜昌市夷陵区的下堡坪乡、邓村、太平溪镇相邻,南通过三峡水库与秭归县茅坪镇接壤,西与伟大爱国诗人屈原的故乡秭归县屈原乡相连,位居举世瞩目的葛洲坝和三峡大坝坝首。保护区总面积 222.44km²,其中,核心区面积 72.88km²,缓冲区面积 58.66km²,实验区面积 90.90km²。保护区处于我国第二阶梯向第三阶梯的过渡区,为中亚热带向北亚热带过渡地区,自然环境独特,地貌类型多样,野生动植物资源十分丰富,是三峡库区典型生物多样性的关键地区。

1.2 实习区自然地理概况

1.2.1 地貌

长江由西向东将实习区分为南、北两部分,呈现独特的三峡峡谷地貌(图 1-1)。整个区域地势西高东低,西部山峰耸立、河谷深切,相对高差一般在 500~1300m 之间;主要是岩浆岩、侏罗纪砂页岩、古—中生代灰岩的侵蚀地貌类型。东北部为海拔 500~1000m 的中低山,河流切割密度大,属黄陵岩体分布的区域。东南部为河流宽谷地带,呈低矮丘陵遍布的盆地状,堆积地貌类型多样,但南岸山地高耸,相对高差可达 800m。

长江及其支流河谷地貌以侵蚀为主,堆积较少。河谷呈宽谷、峡谷相间。茅坪至庙河段低山丘陵,宽谷型,阶地发育。庙河至香溪段属西陵峡西段,为中低山峡谷地貌,河谷深切,呈"V"形,阶地不发育,山地高程 1000~1500m。著名的兵书宝剑峡、牛肝马肺峡位于其间。香溪以上至牛口段为西陵峡与巫峡的过渡带,中低山地貌,宽谷型,阶地发育。

秭归县茅坪镇、太平溪镇、乐天溪镇等地岩浆岩分布地区多为低山丘陵地貌,高程 500m 以下,多为浑圆状山顶,水系呈树枝状发育,最大河流为茅坪河,溪沟分布密度为 35 条/千米。郭家坝镇—香溪镇一线以西至水田坝为由侏罗纪砂页岩组成的秭归盆地,山体高程为 500~

1000m，为中低山区，水系发育，主要河流为归州河、香溪河等。香溪河与庙河间山峰高耸，主要由古生代、中生代灰岩组成的单面山等侵蚀地貌类型，其地貌形态主要为中低山，相对高差500～1000m，河谷多呈槽谷型，如九畹溪等。

1.2.2 气象与水文

秭归县地处亚热带季风气候区，气候温和湿润，雨量充沛，四季分明，多年平均气温17～19℃，多年平均降水量1493mm。据统计，县内年均温度17.9℃，1月平均温度6.4℃，极端最低温度－8.9℃(1977年1月30日)。7月平均温度28.9℃，极端最高温度42℃(1959年7月12日)。三峡工程建成后，冬季平均增温0.3～1.3℃，夏季平均降温0.9～1.2℃，气候条件更为温和。秭归县因受秦岭与鄂西山地屏障保护，气候比较温和，是湖北省著名的冬暖区和甜橙栽培适宜区。

由于县内受地势和海拔高差的影响，气候类型垂直变化明显。区内降水受地形影响较大，自北向南、由低到高逐步增大，降水量总体随海拔高度增加而增加，海拔900m以下降水明显低于海拔1100m以上地区(图1－2)。春季降水量占27.1%，夏季占43.1%，秋季占23.7%，冬季仅有6.1%。秭归县旱灾多发，有"十年九旱"之称，重旱区集中在秭归西部沿江河谷地区。

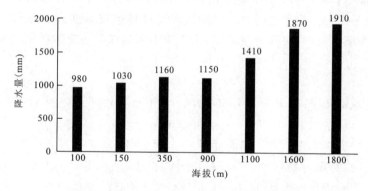

图1－2 秭归县内降水量随海拔变化分布图
(据程品运，2002)

秭归县境内河流多为长江一级支流，另有部分为长江支流清江的支流。县内河流水系发育，地表水资源比较丰富。长江为县内主要河流，长江多年平均流量14 300m³/s，随着三峡水库的运行，水位变幅巨大，可达40m。县内支流水系发育，135条小溪汇成8条水系注入长江，长江南岸自西向东为青干河、童庄河、九畹溪、茅坪河，北岸自西向东为泄滩河、吒溪河、香溪河、龙马溪，总流域面积1952.5km²，境内流长247.8km，河网干流密度(指八大水系干流，不含长江和135条支流小溪)为0.1km/km²。实测多年平均径流量18.37×10^8m³(以上资料均为建库以前的数据，建库后这些面积和长度均有减少)。由于该区山高水急，水能蕴藏丰富。水能理论蕴藏量达17.20×10^4kW，其中可开发量为6.06×10^4kW。县内岩溶地貌发育，地下水资源比较丰富，已探明伏流、岩石裂隙水37处，总流量8.57×10^8m³/a。

大老岭自然保护区地表水系隶属长江水系，由于长江偏移西南，两岸水系极不平衡。江南由于距清江较近，分水岭标高低，坡比小，溪河密度比较稀疏，而且溪短谷宽，滞水量小，多为横向河谷，故支流密度小，侧蚀作用大于向流切割，水土流失较重。江北由于距汉水较远，分水岭标高大，坡比大，故溪长谷窄，支流密集，向流切割大于侧蚀，滞水时间长，水力坡度大，其爆落性相对减弱(上急下缓)。大老岭自然保护区地表水以接受大气降水为补给来源,属淡水,pH值比较稳定,水体质量良好,适宜饮用。整个保护区年产水量在 $9000 \times 10^4 \mathrm{m}^3$ 左右,是三峡库区重要的水源涵养林区。由于下伏基岩的缘故,大老岭自然保护区的地下水资源属于酸性岩裂隙水类型。

1.2.3 土壤

实习区主要土壤类型有:①黄壤,酸性,富铝化,海拔1000m以下,母质为岩浆岩、角闪岩,表土 SiO_2 含量 39.18%, Al_2O_3 含量 32.5%, Fe_2O_3 含量 8.30%, K_2O 含量 1.57%,其他 18.50%;②黄棕壤,微酸性,常有铁锰胶膜,海拔1000～1500m,母质同黄壤,表土 SiO_2 含量 42.48%, Al_2O_3 含量 28.55%, Fe_2O_3 含量 11.04%,其他 20.00%;③海拔1500～2005m的中山地段为山地棕壤,表土 SiO_2 含量 25.20%, Al_2O_3 含量 43.08%, Fe_2O_3 含量 12.04%,其他 19.68%;④紫色土,母岩为紫色砂页岩,海拔低于1000m;⑤石灰土,母质为石灰岩、白云岩、泥灰岩,中性至碱性;⑥砂土,母质为角闪岩;⑦海拔1000m以下分布有小面积的水稻土。

此外,三峡地区部分土壤母质为各类花岗岩风化壳,土壤层较疏松、深厚,一般为200～600cm,在植被遭破坏或干燥生境中,土壤有一定的粗骨性,由于细粒物质和有机质流失,易发水土流失和崩塌等灾害。但大老岭自然保护区内森林植被覆盖度高,土层具有较厚的枯枝落叶层、腐殖质层和壤土层,有机质含量较高,水土流失和崩塌等灾害发生的几率较低。

1.2.4 资源与矿产

秭归境内土地资源匮乏,呈零星分布。2009年末全县耕地总资源 $267.4 \mathrm{km}^2$,其中常用耕地面积 $190.5 \mathrm{km}^2$,包括水田 $34.5 \mathrm{km}^2$ 和旱地 $156 \mathrm{km}^2$。

秭归境内生物资源非常丰富。有野生动物4纲19目52科126种,其中属国家二级野生保护动物16种。森林覆盖率达49.8%,有松、杉、柑橘、油桐等,尤以脐橙、柑橘闻名,有500年以上历史的国家一级保护古树44株,还有三峡库区特有的濒危植物——疏花水柏枝。

大老岭自然保护区森林生态系统拥有丰富的生物多样性,以 $21 \mathrm{km}^2$ 的原始森林和大面积分布的珍稀植物群落而驰名中外,具有特殊的生物多样性保护价值,是中外学者研究的热点地区之一。其中,维管植物167科803属2085种,兽类7目18科34属38种,鸟类16目34科88属123种,爬行类动物1目3科7属11种,两栖类动物2目4科5属13种。国家珍稀濒危保护野生植物37种,其中,国家重点保护野生植物20种(一级5种、二级15种),国家珍贵野生树种15种(一级5种、二级10种),国家珍稀濒危野生植物29种(一级1种、二级12种、三级16种);国家重点保护陆生脊椎动物26种(一级3种、二级23种),湖北省重点保护陆生脊椎动物58种;国家保护的有益的或者有重要经济、科学研究价值的鸟兽110种。

秭归境内已经探明有一定储量的矿种达10余种,矿床(点)50个。其中金属矿有金、银、铜、铅、铁、锰、锌等;非金属矿有硅石、石灰石、重晶石、大理石、石英石等;能源矿有煤、石煤、地热等。

实习区内旅游资源十分丰富,有风景秀丽的西陵峡、泗溪风景区,有惊险刺激的九畹溪漂流、神奇的大老岭原始森林,以及丰富的历史人文旅游资源。古代四大美人之一王昭君出生地位于秭归香溪河宝坪村。伟大浪漫主义爱国诗人屈原的故乡位于香溪河中游。千百年来,秭归人民为纪念屈原形成了独特的节令习俗,即屈原故里端午习俗,已被列入全国非物质文化遗产保护名录。目前,境内现存许多关于屈原的遗迹和传说,如归州的屈原祠、衣冠冢、屈原故里牌坊和乐平里的"三间八景"等。

1.3 实习区生态与环境调查

1980—1990年,国家计划在三峡地区兴建三峡水电工程。三峡工程建设过程中,大规模的移民和城镇整体搬迁导致三峡库区土地利用/覆盖发生了重大变化。范月娇(2002)、王鹏(2004)对三峡库区的土地利用变化进行了研究和探讨。许其功(2007)运用 GIS 分析了1980—2004年三峡库区土地利用变化趋势。研究表明,近 24 年来建设用地和旱耕地分别增加了 57.59% 和 3.93%,水田减少了 8.16%,库区林地和草地的总面积下降了 196.41km^2,主要转化为建设用地和耕地。三峡库区土壤侵蚀、水土流失严重,造成大量的泥沙淤积,面源污染和水体富营养化问题较严重。吴昌广(2012)研究表明,库区年均土壤侵蚀量为 1.84×10^8 t/a,平均土壤侵蚀模数为 3185t/(km^2·a),且库区发生土壤侵蚀的主要区域分布在 500~1500m 高程区、15°以上的坡度带以及阴坡,是水土流失严重及需要治理的重点区域。为控制三峡库区水土流失、增加土壤肥力,众多学者提出了改善方案和措施。许峰等(2000)针对三峡库区紫色土陡坡地研究表明,高植物篱-农作系统施用有机肥和配施有机、无机肥-带间麦秆覆盖两种处理效果最佳。刘窑军等(2012)发现草灌结合措施对土壤容量和导水率改善最明显,草灌+梯坎结合的抗侵蚀能力最强。坡改梯有利于改善土壤肥力状况,提高土壤氮磷养分含量,但随着土壤供钾能力的降低,必须重视钾肥施用,做到因土种植、地尽其利,通过定向培育改变土壤肥力(马力等,2012;李培霞等,2013)。三峡库区全面开展天然林保护与退耕还林生态工程以来,水土流失得到了有效控制,三峡库区退耕还林模式中,涵养水源效益较好的是竹林和柑橘林模式,固土效益较好的是落叶阔叶林模式等(刘勇等,2014;曾立雄等,2014)。

三峡水库自 2003 年 6 月蓄水以来,水位升高导致库区支流回水区水流缓滞,从而影响污染物的扩散、降解,使水质发生显著变化,库区支流库湾存在不同程度的富营养化现象。郭劲松等(2010)于 2007 年 5 月—2008 年 5 月对三峡彭溪河回水区藻类跟踪观测,分析了水库蓄水运行初期小江回水区藻类的群落结构组成和演替特点,结果显示藻类的细胞密度和生物量春季最高,说明小江回水区处于富营养化状态;而冬季藻类细胞密度和生物量处于较低水平,此时水体处于贫营养状态。导致水体富营养化和水华现象的影响因素是水动力条件、营养盐以及光照、水温等环境因子(杨正健等,2012;梁培瑜等,2013),其中水动力条件是支流水华爆发的主要诱导因子(Liu et al.,2012;Yang et al.,2013)。马骏等(2015)提出通过水库调度的方法,改变支流库湾水动力条件,从而防控水华。王晓青(2015)通过分析彭溪河回水区高锰酸盐指数(COD$_{Mn}$)、氨氮(NH$_3$-N)及总磷(TP)综合衰减系数的变化,发现三峡工程蓄水后,回水区污染物的综合衰减系数仅为蓄水前的 1/20~1/10,认为污染物衰减速率的减小,是三峡蓄水后春夏之交彭溪河水域容易发生水污染和水体富营养化的重要原因之一。

2005 年以来,中国科学院武汉植物园重建了三峡水库消落带植被,研究了三峡水库运行过程中消落带可能产生的一系列生态与环境问题,并提出针对性的防治措施。近年来,三峡地区植被调查研究主要集中在库区消落带和长江三峡干流的河岸带,主要调查内容包括物种组成、物种多样性、群落结构等(江明喜等,2000;陈春娣等,2014;朱妮妮等,2015)。程瑞梅、肖文发(2008)应用 TWINSPAN 详细研究了三峡库区 33 种森林植物群落,DCA 排序反映了植物群落所在环境的温度、海拔和土壤水分梯度(王鹏程等,2009;孙晓娟等,2014)。沈泽昊等(2001)对三峡大老岭森林物种多样性空间分布格局调查表明,低海拔植被退化严重,群落结构简单,多样性偏低;海拔1200～1700m为常绿落叶阔叶混交林带,群落类型多样,物种组成复杂;海拔1700m以上群落类型较少,分布集中,生境趋同。甘娟等(2015)对大老岭保护区2000—2010年间的森林生态系统的年际变化进行研究表明,植物地上生物量(AGB)总体呈较小幅度下降趋势,年均叶面积指数(LAI)呈增加趋势,净初级生产力(NPP)缓慢增加。

三峡库区野生动植物资源本底及三峡工程对其影响研究的文献比较多。早期的研究主要有:三峡工程对长江鱼类资源影响(曹文宣等,1987)、三峡水库库区渔业环境和渔业现状(丁瑞华,1987)、三峡库区种子植物的中国特有分布(郑重,1994)、三峡库区特有植物及三峡工程对其影响(谢宗强等,1994)、石灰岩灌丛植被特征及其合理利用(谢宗强和江明喜,1995)、三峡库区残存的常绿阔叶林及其意义(谢宗强和陈伟烈,1998)。在中国三峡工程总公司的资助下,通过1996—1999的本底调查,基本查明了三峡库区的陆生动植物生态本底(肖文发等,2000)、三峡湖北库区的珍稀濒危保护植物(葛继稳等,1999)、三峡湖北库区陆生野生动物资源(张德春等,1998)、三峡库区水禽资源(卢卫民等,1998)、三峡库区鸟类区系及类群多样性(苏化龙等,2007)、三峡库区珍稀濒危陆生脊椎动物现状(林英华等,2003)等。后期的研究主要有:长江三峡干流河岸植物群落(江明喜等,2000)、长江三峡库区鱼类资源现状(段辛斌等,2002)、长江三峡库区蓄水后鱼类资源现状(吴强,2007)、常绿落叶阔叶混交林的监测(张谧等,2004)、珍濒特有植物保护生态学(谢宗强等,2006)、三峡工程生态与环境监测系统(黄真理等,2006)、三峡库区谷地的植物与植被(陈伟烈等,2008)、三峡库区陆栖野生脊椎动物监测(苏化龙等,2007)、三峡库区珍稀濒危保护植物彩色图谱(吴金清等,2009)、中国长江三峡植物大全(彭镇华,2005)、中国长江三峡动物大全(刘先新,2010)等。

此外,中国地质大学、三峡植物园、秭归林业局、三峡大学、华中农业大学、武汉大学、长江科学院、水利部水土保持植物开发管理中心、湖北省水利厅、湖北省国土资源厅等单位连续对秭归地区的生态、水利、灾害与环境保护等开展了多学科的调查研究。

1.4 区域地质概况

1.4.1 地层

实习区地层出露齐全,自前震旦系至第四系,除缺失上、下石炭统,下泥盆统、上三叠统、古近系和新近系外,其他地层皆有出露,其中很多层位为我国或世界标准层位,该区是我国南方标准地层区之一。自前震旦系至侏罗系,大致呈同心圆状分布。

前震旦系主要分布于太平溪至茅坪一带,岩性为岩浆岩、变质岩、混合岩等,总称结晶杂岩。岩浆岩属中酸性,以岩基、岩株产出为主,次为中至超基性的小型侵入体和脉体。变质岩属于中深部区域变质作用和混合岩化作用形成的副变质岩,岩性为片岩、片麻岩类岩石。混合岩以条带状混合岩为主,次为脉体混合岩。

震旦系至三叠系为一套滨海-浅海相碳酸盐类岩石及碎屑岩,以灰岩、白云岩为主,岩相岩性变化不大,广布于秭归县全境,为该区中高山区的主体构成地层,总厚度约3000m。碎屑岩以砂岩、页岩为主，呈条带状分布在香炉山等背斜四周，总厚度约 3200m。

侏罗系至白垩系主要为内陆河、湖相沉积，岩性为砂岩、泥岩和砾岩，前者主要分布在童庄河下游一带（秭归盆地），后者主要分布在仙女山等地，总厚度约 1000m。

第四纪松散堆积物零星分布于茅坪、平阳坝等长江及其支流两岸和山间洼地，多为坡积或冲洪积物。更新统岩性为黏土夹砾石，全新统岩性为黏质砂土、砾石层。各时代的岩石地层单位特征如表 1-1。

表 1-1　三峡地区地层岩性特征表

界	系	统	组		地层代号	厚度(m)	岩性特征
新生界	第四系	全新统			Qh	5～20	上部为粉质黏土；下部为砾石层
		更新统			Qp	>30	黏土夹砾石，底部为新滩砾岩
中生界	白垩系	下统	石门组		K_1s	380.2	上、下部为砾岩；中部为石英砂岩与泥质砂岩互层
	侏罗系	上统	蓬莱镇组		J_3p	1224～1943	下部为黏土质粉砂岩、粉砂质泥岩与石英砂岩等厚互层；上部以长石石英砂岩为主
			遂宁组		J_3s	572～1065	下部为粉砂岩、粉砂质泥岩；上部以长石石英砂岩为主
		中统	沙溪庙组	上组	J_2s^2	1060～1244	粉砂岩、黏土质粉砂岩、灰质粉砂岩与细粒长石砂岩、岩屑长石砂岩、长石石英砂岩互层
				下组	J_2s^1	945～1139	下部为粉砂质泥岩、泥质粉砂岩，夹长石砂岩、岩屑长石砂岩，底部为砂质砾岩，上部为紫粉砂岩、含灰质泥质粉砂岩与长石砂岩、岩屑长石砂岩，不等厚互层
			聂家山组		J_2n	678～1066	下部为粉砂质黏土岩、粉砂岩、长石石英砂岩；中部为粉砂岩与长石石英砂岩不等厚互层；上部以粉砂岩、含砾黏土质粉砂岩为主
		下统	香溪组		J_1x	374～547	上部为泥岩、黏土岩；下部为粉砂岩、砂岩
	三叠系	上统	沙镇溪组		T_3s	0～158	砂岩夹页岩和煤层
		中统	巴东组		T_2b^5	0～18	以白云岩为主
					T_2b^4	0～469	以黏土岩为主
					T_2b^3	0～392	灰岩夹泥灰岩
					T_2b^2	0～417	粉砂岩、黏土岩互层
					T_2b^1	94～116	白云岩、页岩互层
			嘉陵江组		T_2j^3	125～185	白云岩、灰岩互层
					T_2j^2	179～323	生物屑、砂屑灰岩
					T_2j^1	120～313	结晶灰岩，角砾状灰岩数层
		下统	大冶组		T_1d	476～882	中厚层灰岩，下部为泥质条带灰岩页岩互层

续表 1-1

界	系	统	组		地层代号	厚度(m)	岩性特征
上古生界	二叠系	上统	大隆组/长兴组		P_2d/P_2c	12~36/3~6	上部为硅质层与页岩互层;下部含燧石结核灰岩夹少许页岩
			吴家坪组		P_2w	82~278	砂岩、页岩夹煤层相变为灰含燧石结核灰岩
		下统	茅口组		P_1m	145~282	以灰岩为主,含燧石结核
			栖霞组	灰岩段	P_1q^h	100~253	含燧石结核疙瘩状夹钙质灰岩
				马鞍段	P_1q^m	0~36	页岩、砂岩夹煤层
	石炭系	上统	黄龙组		C_2h	0~67	下部为页岩及含生物屑灰岩;上部为砂岩、页岩
		下统	岩关组		C_1y	0~25	厚层白云岩、灰质白云岩
	泥盆系	上统	写经寺组		D_3x	0~34	以灰岩、钙质泥岩为主
			黄家磴组		D_3h	0~16	石英砂岩夹页岩及铁矿
		中统	云台观组		D_2y	0~81	厚层石英砂岩
下古生界	志留系	中统	纱帽组		S_3s	91~182	石英细砂岩夹页岩
		下统	罗惹坪组		S_2lr^2	87~542	灰绿色页岩夹粉砂岩
					S_2lr^1	298~492	以灰绿色粉砂岩为主
			龙马溪组		S_1l	496~610	上部为页岩夹粉砂岩;下部为黏土岩、页岩
	奥陶系	上统	五峰组		O_3w	7	以碳质、硅质页岩为主
			临湘组		O_3l	3~5	中厚层泥质瘤状灰岩
		中统	宝塔组		O_2b	19	泥质灰岩、龟裂灰岩
			庙坡组		O_2m	1~2	页岩、灰岩互层
		下统	牯牛潭组		O_1g	18	中厚层瘤状灰岩
			大湾组		O_1d	41~45	泥质条带灰岩、瘤状灰岩与页岩互层
			红花园组		O_1h	17~28	灰岩夹生物碎屑灰岩
			分乡组		O_1f	28~52	灰岩、生物碎屑灰岩与页岩互层
			南津关组		O_1n	66~134	以厚层灰岩、白云岩为主,富含三叶虫、腕足等
	寒武系	上统	娄山关组		$\in_3 O_1$	110~420	灰色厚层白云岩、白云质灰岩,含燧石结核
		中统	覃家庙组		$\in_2 q$	132~211	以白云岩为主
			石龙洞组		$\in_2 sl$	60~106	以白云岩为主
			天河板组		$\in_2 t$	88	泥质条带灰岩、灰岩夹鲕状灰岩
		下统	石牌组		$\in_1 sh$	205~291	页岩砂岩夹灰岩
			水井沱组		$\in_1 s$	88~114	以碳质页岩为主
			岩家河组		$\in_1 y$	0~63	以碳质、硅质页岩为主

续表 1-1

界	系	统	组		地层代号	厚度(m)	岩性特征
元古界太古界	震旦系	上统	灯影组		Z_2dy	61～245	厚层白云质灰岩夹灰岩
			陡山沱组		Z_2d	39～176	灰岩与碳质页岩互层，含燧石结核
		下统	南沱组		Z_1n	0～91	灰绿色含砂冰碛泥岩
			大唐坡组		Z_1d	0～7	含碳质水云母黏土岩，含锰质结核
			坪阡组		Z_1p	0～241	灰绿色中厚层冰碛泥岩、冰碛砾岩
			莲陀组		Z_1l	0～80	黄绿或紫红色中厚层石英砂岩
	前震旦系		神农架群	上亚群 瓦钢溪组	Ptw	>190	由3层叠层石礁体白云岩组成，中间夹粒屑和硅质白云岩，顶部有灰绿至紫红色泥质粉砂质薄层白云岩
				上亚群 送子园组	$Ptsz$	>350.6	下部为含硅质碳质粉砂岩；中部为夹铁矿层；上部为白云质粉砂岩夹砂岩
				中亚群 石槽河组	Pts	>1852.3	岩性以白云岩为主，夹有紫红色白云质粉砂岩和粉砂质白云岩
			崆岭群	上组	$PtKl_3$	>587.2	以黑云角闪片岩、石英闪片岩为主
				中组	$PtKl_2$	543～685	上部为角闪片岩、石英角闪片岩与二云母片岩互层；下部为大理岩、石英岩与二云斜长片麻岩互层
				下组	$PtKl_1^2$	>1553.3	上部为云母片岩与云母石英片岩互层夹角闪片岩；下部为细粒黑云闪斜长片麻岩、斜长角闪片麻岩、花岗片麻岩夹云母片岩、角闪斜长角砾状混合岩，夹黑、角闪片岩
					$PtKl_1^1$	>2733	上部为黑云角闪奥长条带状混合岩夹黑云片麻岩、黑云角闪岩；下部为二长质条带状混合岩夹黑云奥长片麻岩、花岗质混合岩

1.4.2 侵入岩

侵入岩集中分布于实习区东部黄陵背斜核部，出露面积约 360km²。均系前震旦纪岩浆活动产物，受西北向构造控制，从超基性—基性岩、中性岩至酸性岩都有出露。中、酸性侵入岩呈岩基产出，规模较大，为实习区侵入岩主体；而基性、超基性岩等规模甚小，呈零星分布。侵入岩的类型、接触关系及其侵入顺序如表 1-2 所示。

实习区各类侵入岩均侵入元古代崆岭群变质岩中，同时又为震旦纪地层不整合覆盖，其侵入时代应为前震旦纪、前晋宁期。其中变质辉长岩及斜长角闪岩侵入崆岭群变质岩之中，其变质程度较深，片理化明显，为实习区最早的侵入岩。基性、超基性岩侵入变质辉长岩之中，其变质程度低，片理化不明显，侵入序次较变质辉长岩晚。花岗岩侵入区内所有岩体，是测区最晚的侵入岩。

宜昌白竹坪侵入崆岭群并切穿辉长辉绿岩的含铅石英脉铅同位素年龄值为1700Ma,以此推断基性、超基性岩的侵入时代下限为早元古代晚期或中元古代早期,大致为1900Ma;实习区晋宁期中酸性侵入岩同位素年龄值大都在880~819Ma,除侵入崆岭群变质岩外,还侵入于基性、超基性岩中,因此其侵入时代应为中元古代晚期或新元古代早期。

表1-2 侵入岩与地层的接触关系

构造岩浆旋回			代号	岩石类型	接触关系	岩体名称
期	阶段	年龄(Ma)				
晋宁期	第二阶段	1000~800	γ_2^{2-2}	中细粒斜长花岗岩、斑状黑云母花岗岩、黑云母钾长花岗岩	侵入崆岭群变质岩和基性—超基性岩及闪长岩中,被震旦系不整合覆盖	黄陵岩体、水竹园岩体、桃园岩体
晋宁期	第一阶段	1900	$\delta\beta o_2^{2-1}$	英云闪长岩	侵入崆岭群变质岩和基性—超基性岩中,并被黄陵花岗岩侵入,同时被震旦系不整合覆盖	茅坪岩体、陈子溪岩体
晋宁期	第一阶段	1900	δ_2^{2-1}	闪长岩		安场坪岩体、竹林湾岩体
前晋宁期	晚期		$\Sigma-\nu_2^{1-2}$	含长二辉橄榄岩-角闪辉石岩-角闪辉长岩;斜长二辉辉橄岩-橄榄苏长辉长岩-辉长岩	侵入崆岭群变质岩中,并被黄陵花岗岩和茅坪英云闪长岩侵入	野竹池岩体、袁家坪岩体
前晋宁期	晚期		Σ_2^{1-2}	纯橄榄岩-斜辉辉橄岩-单辉辉橄岩		红桂香岩体、汪家岭岩体、马滑沟岩体
前晋宁期	晚期		$\Sigma\nu_2^{1-2}$	纯橄岩-单辉杂岩		梅纸厂岩体
前晋宁期	早期		ν_2^{1-1}	变质辉长岩	侵入崆岭群变质岩中,被超基性岩侵入,同时也被黄陵花岗岩侵入	茅垭岩体、小溪口岩体

1.4.3 地质构造演化与区域稳定性

实习区处于新华夏构造体系鄂西隆起带北端和淮阳"山"字形构造体系的复合部位。区内北西向构造主要发育于前震旦纪变质岩系中,由一系列褶皱和断裂组成,并伴随岩浆活动;东西向构造分布于南部,以沉积盖层组成的褶皱为主,断裂不甚发育,主要构造形迹为香龙山背斜及其东侧的五龙褶皱带;新华夏系为区内重要的构造体系,主要表现为新华夏系联合弧形构造和新华夏系复合式构造两种形式,前者在区内的构造形迹有百福坪至流来观背斜、茶店子复向斜,后者主要为北北东向构造,由北北东向压性或压扭性断裂组成,主要构造形迹为黄陵背斜、秭归向斜;近南北向构造主要由仙女山断裂和九畹溪断裂组成,近平行向展布。

2500~1800Ma的古元古代,该区处在活动大陆边缘拉张盆地环境,接受一套火山岩与陆源碎屑及碳酸岩的沉积(崆岭群)。至中元古代时期(1800~1000Ma),经历首次区域构造变动即神龙运动,使盆地沉积在其作用下成为变质岩系。至新元古代(1000~800Ma),大构造运动即晋宁运动的北西-南东向挤压作用使前震旦纪地层强烈褶皱、断裂和变质,并伴随多期岩浆侵入,形成了古老的结晶基底(通称黄陵地块)及基底构造。自新元古代晚期至中生代晚期(800~135Ma),该区一直处于较稳定陆块环境,构造运动以大面积升降为主,长期接受地台型沉积物,仅在晚志留世和早泥盆世期间经历沉积间断并遭受剥蚀作用。在中生代晚期侏罗纪—白垩纪(135~65Ma),发生了空前规模的造山运动——燕山运动,使基底以上沉积的盖层岩系普遍褶皱、断裂,形成断陷、坳陷盆地并接受陆屑沉积,受基底影响及控制,形成了一系列围绕基底的弧形构造。新生代喜马拉雅运动(65~20Ma)使该区全面结束了沉积作用,构造作用表现为大面积差异升降运动与掀斜运动,造成红层有轻微变形和江汉盆地伴有玄武岩喷发。受青藏高原隆升影响,渐新世与中新世之交(不晚于23Ma),长江三峡贯通东流,江汉盆地内陆河湖沉积格局被打破,奠定了江汉平原的雏形,地质历史时期新构造运动(掀斜与沉降)是江汉平原沉积环境变化主因之一(Zheng et al.,2013)。第四纪以来,实习区新构造运动总的特点是,南津关以西的山地呈大面积间歇性隆升并不断扩展,东部江汉平原相对下降,且不断退缩,二者转折线随之东移,其间形成一平缓过渡地带。西部山地,由于间歇性上升,普遍发育四级夷平面和多级河流阶地(图1-3)。鄂西期夷平面呈轻微北北东向隆起,山原期夷平面呈1°~2°倾角向东倾斜,无明显反差和解体现象。重庆—宜昌间T_1~T_5级阶地基本连续、平行,与河流的纵坡降相适应,无明显的位错和变形。秭归龙江镇至宜昌高阶地纵剖面下降趋势明显,同时各级阶地向东均具收敛特点,这是由河流从出山口进入山前平原的流态所造成的(向芳等,2005)。

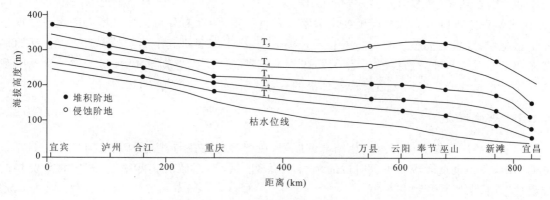

图1-3 长江三峡地区阶地发育分布图
(据向芳等,2005)

实习区大部分隶属华中地震区江汉地震带,带内除远离坝区的湖南常德、湖北咸丰和竹山地区历史上曾发生过6~6.8级中强震外,其余地区最高震级一般仅5级左右。近期区内发生的最大地震为1979年5月22日秭归县龙会观5.1级地震,震中距长江仅8km。现今地震活动主要分布在黄陵背斜西侧、仙女山断裂带,呈北北东向及北东向展布。根据第三代全国地震烈度区划(1990),在50年超越概率为10%的条件下(相当于地震基本烈度),实习区绝大部分为不大于Ⅵ度区,整个三峡库坝区均处于Ⅵ度区。影响较大的是仙女山潜在震源区,沿地震带微震活动较频繁,1959年迄今共记录到30次,最大为1972年3月秭归县周坪附近曾发生过的3.7级地震,震级上限6.5级。三峡水库建成后,极大地改变了库区水-岩(土)之间的力学平衡,也改变了库区地应力状态,地震频次与强度可能有所增加,但地震活动仍保持在三峡地区原有弱地震活动状态。

第 2 章 生态学野外调查工作方法

2.1 生态学野外调查研究的基本方法

生态学调查的基本目的是了解区域环境特征、生物圈内动植物(甚至包括微生物)现况与分布的一种科学方法。基本的生态学调查,有助于获得和积累环境与生物基础资料,并了解在不同的时间和空间尺度上,生物现象与诸多的环境因子动态变化的关系,以及这种变化的过程和格局。生态学调查与生态调查、生态环境调查、生态(环境)现状调查等概念具有不同程度的关联性,因此其方法也有相似性。

生态学的研究对象,包括种群、群落、生态系统,这些均与特定自然生境不可分割。而生态现象涉及因素众多,联系形式多样,相互影响又随时间不断变化,观测的角度和尺度不一。因此,生态学现象难以或无法全面地在实验室内再现。然而,在野外可以发现所有的生态学现象和生态过程,自然是生态学的天然试验场。概括来说,生态学研究中的野外调查工作包括原地观测和定位观测两种。当代的遥感手段,极大地拓展了人类的感知范围,实际上是一种新的观察手段。专家和公众咨询法是对观察结果的有益补充。

2.1.1 原地观测

原地观测应遵循整体与重点相结合的原则,在综合考虑主导生态因子结构与功能的完整性的同时,突出重点区域和关键时段的调查,并通过对影响区域的实际踏勘,核实收集资料的准确性,以获取实际资料和数据。

考察特定种群或群落与自然地理环境的空间分异的关系,首先有一个划定生境边界的问题,然后在确定的种群或群落生存活动空间范围内,进行种群行为或群落结构与生境各种条件相互作用的观测记录。种群生境边界的确定,视物种生物学特性而异。动物种群活动范围,其巢穴或防御的领地可能很小,但取食空间范围可能很大。对有定期长距离迁徙或洄游行为的动物种群原地观测往往要包括广大地区,考察动物种群活动可能要用飞机、遥测或标志追踪技术。

野外考察种群或群落的特征,测计生境的环境条件,不可能在原地内进行普遍的观测,只能通过适合于各类生物的规范化抽样调查方法。例如:动物种群调查的取样方法为有样方法、标志重捕法、去除取样法。

属于种群水平的野外考察项目,主要有个体数量(或密度)、水平与垂直分布样式、适应形态性状、生长发育阶段或年龄结构、物种的生活习性和行为等。属于群落水平的考察项目,主要有群落的种类组成,即对组成该群落的植物种类进行分类鉴定和记录,各种动物的生活习性和行为;各种动植物种群的多度、频度、显著度、分布样式、年龄结构、生活史阶段、种间关联和群落结构等。同时,要考察种群或群落生境的主要环境因子特征,如对生境的总面积、形状、海拔高度、大气物理、水、土壤、地质、地貌等环境因子的描述和测量。

2.1.2 定位观测

当项目可能产生潜在的或长期累积效应时,可考虑选用定位观测。定位观测应根据监测因子的生态学特点和干扰活动的特点确定监测位置和频次,有代表性地布点。生态监测方法与技术要求须符合国家现行的有关生态监测规范和监测标准分析方法;对于生态系统生产力的调查,必要时需现场采样、实验室测定。

定位观测先要设立一块可供长期观测的固定样地,样地必须能反映所研究的种群或群落及其生境的整体特征。定位观测时限,取决于研究对象和目的,若是观测种群生活史动态,微生物种群的时限只要几天,昆虫种群是几个月到几年,脊椎动物从几年到几十年,多年生草本和树木要几十年到几百年。若是观测群落演替所需时限更长,若是观测种群或群落功能或结构的季节或年度的动态,时限一般是一年或几年。定位观测的项目,除野外考察的项目外,还要增加生物量增长、生殖率、死亡率、能量流、物质流等结构功能过程的定期观测。

2.1.3 遥感调查

当涉及区域范围较大或主导生态因子的空间等级尺度较大,通过人力踏勘较为困难或难以完成评价时,可采用遥感调查法。遥感调查过程中必须辅助必要的现场勘查工作。在大范围内出现群落连续或逐渐过渡性强时,则要借助于群落学统计或航测遥测技术。

2.1.4 专家和公众咨询

专家和公众咨询法是对现场勘查的有益补充。通过咨询有关专家,收集评价工作范围内的公众、社会团体和相关管理部门对项目影响的意见,发现现场踏勘中遗漏的生态问题。专家和公众咨询应与资料收集和现场勘查同步开展。

2.2 生态学调查研究的基本内容

广义的生态学调查包括生物物理环境调查、生态系统特征调查、社会生产调查3个方面。其中,生物物理调查包括地质环境、地形地貌、水文、气候、土壤和自然灾害等方面的调查;生态系统特征调查包括物种、种群、群落和生态系统调查;社会产业调查包括人口、聚落、文化、产业、生活管理与政策、环境污染、人文灾害等方面的调查。而狭义的生态学调查侧重生态系统特征调查以及对其产生直接影响的物理和人文环境的调查。本书采用狭义的概念。

2.2.1 生物资源调查

生物资源是自然资源的有机组成部分,是生物圈中对人类具有一定价值的动物、植物、微生物以及它们所组成的生物群落。生物资源调查是资源保护、经营和管理的重要组成部分,也与生物资源产业息息相关。发展特色生物资源产业,必须从当地资源特色出发。生物资源调查的目的是要弄清楚某一地区生物资源的种类、分布、种群数量、消长规律等。

2.2.2 物种普查

物种普查包括种数、单个物种规模、生活习性、空间分布、种内关系、多样性、丰富度、相对多度、乡土物种、入侵种、均匀度、濒危状况、灭绝速率及原因、濒危物种保护措施、物种的地理分布及分布区生境、优势和劣势等调查。

2.2.3 种群调查

种群调查主要是调查种群的基本特征、数量动态,以及调节情况、种内关系、种间关系等。

2.2.4 群落调查

群落调查主要是调查植物群落的建群种、优势种、伴生种、偶见种、密度、多度、盖度、频度、高度、重量、体积、群落外貌、水平及垂直结构、时间结构、交错区、边缘区、演替状况、生物多样性、群落稳定性等。

2.2.5 植被调查

植被调查是列举一个地区内所有植被的类型及其分布规律。植被调查的过程有室内的先期作业及野外的调查。室内作业包含地图的判识、野外调查计划的拟定及后勤支持计划的制订等;野外的调查,如预先的勘查作业、取样方法的决定、样区位置的设立、样区的调查及相关环境因子的观测与评估。样区的设置应考虑取样时样区的组成、样区的形状、样区的大小、样区的位置及样区的数目。取样方法主要考虑野外调查所需的精确度、经费与人力的许可程度,以及野外勘查后样区在植被代表性、环境梯度上的均质性与所需涵盖植物群落中植物物种的比例。

植被调查的资料经统计及分析后,一方面要与相关植被文献作比对,进行植被分类,区分出主要植被类型;一方面进行野外评估与测试植被类型在植被中是否有重现性,以供调查地区植被地图的绘制。植被调查是定性或定量地调查植物群落在环境梯度上的分布,由于植被及其栖息地的资料可作为植物资源调查样点的基本单位,了解并记录植被可供进一步在自然资源的经营或管理决策上作为参考,同时可作为未来植被和植物群落变动的参考依据。

2.2.6 生态系统调查

生态系统在空间上的镶嵌形成的水平特征是景观生态研究和景观生态规划的核心。主要对能流、物流、信息传递、结构状况等进行调查。中国陆地生态系统联网(CERN)观测研究在这方面开展了观测和研究。东北样带(NECT)针对全球变化的气候和土地利用驱动因素,开展了土地利用和土地覆盖变化以及生物地理和生物地球化学模拟,研究了气候因子对草原生态系统土壤养分分布、土壤呼吸和植物水分利用效率的影响规律。东部南北样带(NSTEC)分析了地貌、气候、土壤、植被地理分异规律,评价了农田土壤的源汇功能;研究了农业土地利用和地表覆盖(植被)格局变化与全球变化相互影响及其对生产力的影响,针对农业地理分布格局提出了对策。基于中国生态系统研究网络的联网研究和观测,针对森林、草地、农田、湿地、内陆水体和近海生态系统,研究了生态系统碳收支与碳储量的时空格局、生态系统碳循环的主要生物地球化学过程、生态系统碳循环历史过程,建立了中国碳循环模型,提出了碳源、碳汇格局调控与增汇对策。重点研究了森林植被光合作用和土壤呼吸过程,草地碳循环输入与输出过程,湿地碳元素生物积累与分解、排放过程,农田土壤二氧化碳排放和土壤有机碳平衡过程;针对土地利用主要研究了中国土地利用/土地覆被(LUCC)方式与陆地碳循环的相互作用。在农田生态系统养分循环与全球变化的相关影响方面,主要针对中国东部农田生态系统研究了气候、土壤和施肥因素共同作用下农田养分迁移和转化的规律,特别是温度变化作用下施肥和养分再循环对粮食产量的影响规律。

2.3 生态学野外调查的注意事项

2.3.1 资料搜集和方案制定

收集现有的能反映生态现状或生态背景的资料:表现形式分为文字资料和图形资料,时间可分为历史资料和现状资料,行业类别可分为农、林、牧、渔和其他经济部门,资料性质可分为环境影响报告书、有关污染源调查、生态保护规划及规定、生态功能区划、生态敏感目标的基本情况以及其他生态调查材料等。使用资料收集法时,应保证资料的现时性,引用资料必须建立在现场校验的基础上。调查前要设计好调查路线和地点,考虑交通和人员的调配,准备好物资。必要时,在大规模的野外调查前,作小规模的预调查。

在选择路线时,要考虑路线的交通是否方便,如水路、铁路、汽车能否到达,各种交通工具搭乘转换是否方便。如果其他条件基本相同,要优先选择交通方便的,这样既可以达到实习的要求,又可以节省人力、物力和财力,还可以减轻组织管理工作的压力。至于设施方面,要尽量照顾到整个实习队伍的住、食、行3个方面的便利,如是否具备住宿条件、伙食能不能落实、通行的路线是否有利于调查的安排等。

2.3.2 野外调查的组织工作

一般来讲,应该有一个调查的领导小组,负责整个调查队伍的思想、学习与生活。这个领导小组中教师和学生骨干的配备,特别是学生骨干的配备,人数宜适当多一些。师资越充足,分组就可越多,有利于个别化辅导;学生骨干得力,有利于对小组的组织管理。学生骨干的选择应侧重选身强力壮、有一定野外劳动经验和号召力、纪律性强、工作踏实且自愿为同学服务的学生。

为了更好地开展野外调查工作,整个调查队可分成若干个组,每个组由一位老师指导,确定男生、女生组长各1名,人数以9~12人为宜。人数过多,会影响实习效果,在这种情况下,更应该多调动学生的积极性和主动性。组内按学生自愿原则再组成3~4人规模的小组,小组内成员适当分工合作,推选小组长全面负责安排和管理小组的各项工作,如公用标本的采集与压制、公共卫生、野外安全等。

2.3.3 注意人身安全

野外调查中要预防蛇、野兽的伤害,在野外不乱吃野果、乱喝生水等。不允许学生用口尝试植物体的任何部位,尤其是药用植物,更要禁止,以免引起中毒。险峻的地段要防止滑倒、跌伤。夏天要注意防蚊。在密林中调查不要穿短衣、短裤、凉鞋等。最后,采集样品时,应保护生物资源,不乱采滥挖,尽量不影响生物的再生能力,不破坏环境。

第3章 生物多样性资源调查

3.1 陆生脊椎动物资源

长江三峡地区地形复杂,具有古老的地质历史,在第四纪冰期中,由于没有直接受到北方大陆冰川的破坏,因而保存和孕育了丰富的原始珍稀动、植物群落,具有丰富的动物资源。据调查,长江三峡地区仅陆生野生脊椎动物就有600余种,占全国陆生野生脊椎动物种数的近30%(刘先新,2010)。刘先新(2010)共记录了三峡地区陆生野生脊椎动物601种,其中两栖纲2目9科43种,约占我国两栖类种数的14%;爬行纲3目11科43种,约占我国爬行类种数的11%;鸟纲17目59科415种,约占我国鸟类种数的30%;哺乳纲8目29科99种,约占我国哺乳类种数的17%。

3.1.1 区系成分

三峡地区在我国动物地理区划上隶属东洋界华中区西部山地高山亚区(张荣祖,1999)。由于三峡地区北部邻近古北界,气候带属于东部季风区中亚热带,与北亚热带之间没有明显的地形上的障碍,故不形成阻碍,许多古北界动物可渗入该区,如兽类中的狗獾、狍是典型的古北界种类,其他种如狼、豹、赤狐、褐家鼠,是全国广布的古北界种类;鸟类中属古北界种类的包括雁形目的大多数种及隼形目中的雀鹰等分布至该区。因此,三峡地区的古北界成分占有相当的比例,但仍以东洋界成分占优势(张荣祖,1999;林英华等,2003)。

与位于古北界和东洋界分界线上的秦岭比较,两者在区系成分和共有种比例上也表现出较高的相似性(苏化龙等,2001),由此可以认为三峡地区是作为古北界和东洋界两大动物区系过渡带——秦岭的南延(林英华等,2003)。三峡地区还是东、西动物分布渗透的通道,鼹、甘肃鼹和多种绒鼠、钩嘴鹛以及多种凤鹛,均以川西横断山脉为其演化和分布的中心,在该区的发现是其分布区东扩的结果(张荣祖,1999;林英华等,2003)。

该区属于保存比较完整的古老区系之一,具有起源古老、分布交错混杂和特有成分多等特征(张荣祖,1999;林英华等,2003)。一些比较古老、珍稀特有的种类可见于该区,如长尾鼩鼹、甘肃鼹、金丝猴、大鲵、巫山北鲵、黄斑拟小鲵、华西雨蛙、帚尾豪猪、红腹锦鸡、白冠长尾雉等,并存在一些跨区分布的种类(张荣祖,1999;林英华等,2003)。

动物地理区系特征的复杂性导致三峡地区的陆栖脊椎动物分布格局表现出很高的多样性,同时由于该区特殊的地理位置,候鸟、旅鸟过境频繁,成为鸟类南北迁徙的中转站。对于两栖、爬行动物而言,在南北和东西向物种渗透方面,这两类动物也有所反映,尤其南方动物分布区向北渗透的情形更为明显,无论两栖类或爬行类,南方种类都占绝对优势(林英华等,2003)。

3.1.2 生态类群

由于三峡地区开发历史悠久，人类活动早已改变了区域的原貌，使得该区原始的常绿阔叶林所剩无几。野生动物现在栖息的主要生境是次生林、灌草丛、农田以及水域等。从河谷往高山，随着生境的变化，野生动物种类由水域、农田、灌草丛至林栖种类逐渐过渡。

三峡库区由于水域广阔，河流、湖泊众多，水网发达，水域生态系统中动物种类十分丰富，栖息于其中的两栖类和鸟类等高等脊椎动物就有 100 余种。鸟类主要是鹳形目、鹤形目以及雁形目的涉禽、游禽类水鸟。在高海拔的溪流生境中分布着一些十分稀有的两栖类动物，如大鲵、细痣疣螈、黄斑拟小鲵、利川齿蟾、红点齿蟾、棘腹蛙、棘胸蛙等（王建柱，2006；刘先新，2010）。

农田生态系统中的野生动物主要分布在低海拔的农田、村庄等生境中，多为广布种或常见种。兽类有褐家鼠、黄胸鼠、黑线姬鼠、鼬獾、猪獾、黄鼬、果子狸等；鸟类主要有白头鹎、珠颈斑鸠、灰喜鹊、家燕、树麻雀等；爬行类有黑眉锦蛇、虎斑游蛇、北草蜥等；两栖类有中华蟾蜍、泽蛙、黑斑蛙等（王建柱，2006；刘先新，2010）。

在海拔较高的灌草丛疏林带，动物多样性开始升高，尤其是鸟类和兽类。这里有不少珍稀动物分布。如白冠长尾雉和红腹锦鸡就栖息在这一带，兽类中小灵猫多分布在此区间，麝和猕猴也主要分布在海拔 600m 以上的深丘山地。黄鼬、鼬獾、貉、花面狸、赤狐、草兔、松鼠等资源动物多分布在海拔 800m 以下的荒山草灌丛和疏林沟谷地带（卢松根等，1986）。

海拔 1200m 以上的常绿阔叶林带保存相对完好，人类干扰较少，生境多样性高，群落结构复杂，物种相对丰富。这一区域除林地外，还有大面积的灌草丛和草甸。一些珍稀物种都生活在这类生境中。其中兽类有豹、黑熊、金丝猴、林麝、狍、毛冠鹿、鬣羚等。鸟类种类更多，较少见的种类如仙八色鸫、大拟啄木鸟、酒红朱雀、蓝喉太阳鸟等主要见于该类生境中。各种猛禽、雉类、画眉科、莺科等鸟类在此区域均十分丰富（王建柱，2006）。

三峡地区曾有极其丰富的野生动物资源，随着人类活动的日益加剧，一些大型的珍稀物种如麋鹿、大熊猫等，已经先后在该区内绝迹。人口和经济发展的压力由低海拔向高海拔地区迅速推进，三峡库区环境尤其是植被已受到相当大的破坏，导致库区动物因栖息生境的改变和破坏而濒危或灭绝。另一方面，乱捕滥猎野生动物的现象在库区仍极为普遍。而三峡工程对库区陆生脊椎动物的影响主要是栖息生境的剧烈改变、人类活动对库区自然植被造成的影响和破坏，导致库区生态环境急剧恶化，物种多样性减少。此外，工程移民等一系列社会问题对物种造成的间接影响也非常严重（林英华等，2003）。

3.1.3 珍稀濒危保护动物

三峡地区共有国家级重点保护陆生脊椎动物 60 余种，占全国陆生脊椎动物重点保护物种数的 18% 左右（林英华等，2003；刘先新，2010）。

三峡地区 400 余种鸟类中，共有国家级保护鸟类 50 余种，其中一级保护鸟类有 5 种，分别是黑鹳、白鹤、金雕、白肩雕、中华秋沙鸭；二级保护鸟类有鸳鸯、白琵鹭、白冠长尾雉、红腹角雉、红腹锦鸡、勺鸡、苍鹰、雀鹰、黑冠鹃隼、鹰鹃、雕鸮、红翅绿鸠、仙八色鸫等 46 种，以隼形目、鸮形目鸟类为主（刘先新，2010）。

该地区近 100 种哺乳动物中，国家一级保护动物有 6 种，分别是金丝猴、黑叶猴、云豹、豹、林麝、梅花鹿。华南虎在历史上也曾有分布,目前仍有文献将其列入该地区动物名录中;二级保护动物有 11 种,分别是猕猴、藏酋猴、短尾猴、豺、黑熊、水獭、大、小灵猫、金猫、斑羚和鬣羚(刘先新,2010)。

三峡地区两栖动物中国家级保护动物仅有大鲵、细痣疣螈、虎纹蛙 3 种,爬行动物中无国家级保护物种(刘先新,2010)。但更多的两栖类、爬行类乃至鸟类、兽类物种也是省级保护动物,或者被《世界自然保护联盟濒危物种红色名录》列为不同程度的受威胁物种。

3.2 植物资源调查

植物资源是指人类采集利用的野生原料植物。目前,这类资源的利用很不充分。川东—鄂西地区是我国种子植物特有属分布的三大中心之一,三峡地区处在该中心的核心部位,是我国植物资源保护的关键地区之一,植物资源非常丰富。《中国长江三峡植物大全》收编了长江三峡坝(库)区的维管植物 5582 种(含种下等级),分属于 242 科 1374 属,其中以三峡宜昌地域命名的植物 53 种,模式标木采自三峡宜昌的植物 270 种。位于宜昌市的三峡植物园,正是为了保护三峡地区丰富的植物资源,抢救保护三峡库区的珍稀濒危特有植物而设立。

3.2.1 野生植物资源分类

要研究植物资源,首先必须进行分类。我国全部野生植物资源,根据用途的不同,可分为食用植物资源、药用植物资源、工业用植物资源、防护和改造环境植物资源以及植物种质资源 5 类,其中,每类又细分为若干小类。

3.2.1.1 食用植物资源

食用植物包括直接和间接(饲料、饵料)食用植物,可分为 8 类:淀粉和糖料植物、蛋白质植物、食用油脂植物、维生素植物、饮料植物、食用香料色素植物、饲料植物、蜜源植物。

淀粉植物以壳斗科、禾本科、蓼科、百合科、天南星科、旋花科等科的种类较多,而且其种子的淀粉含量丰富;其次是蕨类、豆科、防己科、睡莲科、桔梗科、菱科等科,这些科的种类虽然少,但淀粉含量却很高。糖料植物主要分布在蔷薇科、葡萄科、芸香科、猕猴桃科、鼠李科、柿树科、胡颓子科、桑科、无患子科、菊科等科中。小球藻等藻类植物、食用真菌、豆科植物的种子提供蛋白,属于蛋白植物。

野生油料植物以豆科、菊科、樟科、山茶科、十字花科中种类最多,含油丰富。在野生油脂植物中,能食用的有 50 多种,如油瓜和各种野生油茶等。维生素植物主要为各种产生野果的植物,如猕猴桃、刺梨、山楂、海棠等。其中,刺梨富含维生素 C,其含量高于猕猴桃。

三峡地区饮料植物除茶树外,有流苏树、金银花等。在山区,有时候鱼腥草的叶子也被用作饮料来源。三峡地区食用香料色素植物也很多,常见的如木姜子、花椒是香料植物。常用的民间食用色素植物有苏木等。当前人工合成食用香料色素因致癌影响而禁用,今后要大力发掘这方面的野生植物资源。

饲料植物以禾本科和豆科植物为主,其他有薯蓣科、天南星科、浮萍科、茄科、藜科、苋科、十字花科、葫芦科、蓼科、唇形科、莎草科、蔷薇科、马齿苋科等。此外,还有藻类、地衣类、苔藓类、木贼类和蕨类等,也可以作为研究饲料资源的对象。蜜源植物有洋槐、酸枣、荆条等。

3.2.1.2 药用植物资源

三峡地区常见的中药材有三七、天麻、杜仲、贝母、丹参等,有野生的也有栽培的。目前,由于资源日益减少,应保护药源,合理采收,研究和推广人工栽培。草药是指民间广泛利用,但没有工业制成品的,这些几乎全部来自野生。近年来,有些草药已上升为中药,如重楼、鱼腥草等。草药中有许多价值很高的种类,应大力发掘,进行研究。近年来,我国从野生植物中发现了不少新药,如青蒿、薯蓣属植物、喜树、三尖杉等。民间兽用药大部分来自植物,种类十分丰富,但至今尚未很好地发掘、整理。其中很多种与中草药是相互转化或互相补充的。植物性农药包括土农药、植物激素药、植物杀虫剂和除草剂等。土农药如楝树、鱼藤等;植物激素药如胜红蓟等。

3.2.1.3 工业用植物资源

木材植物、纤维植物、鞣料植物、芳香油植物、植物胶植物、工业用油脂植物、经济昆虫的寄生植物称为工业用植物资源。野生纤维植物的纤维,有的能用于纺织,有的能用于造纸,有的则能用于编织、填充料和绳索等。植物胶植物包括橡胶、硬橡胶、树脂和树胶等植物资源。工业用油脂植物和食用油脂植物通常合称为油脂植物。

三峡地区森林资源丰富,其中的裸子植物,如马尾松、杉木、侧柏是重要的木材用树种。野生纤维植物多分布于荨麻科、锦葵科、桑科、椴树科、梧桐科、夹竹桃科、亚麻科、瑞香科、禾本科等。鞣料植物广泛分布于植物界,除藻菌和苔藓植物外,其他植物类群中都有不少种类。在种子植物中,裸子植物的松科、柏科、红豆杉科和粗榧科一般都含有丰富的鞣质。在被子植物中,壳斗科、蔷薇科、漆树科、蓼科、桦木科、胡桃科和槭树科的大多数种类均含有丰富的鞣质,并具有较好的生产价值。尤其是一些草本植物,如蓼科的拳参、皱叶酸模、蔷薇科的地榆等全株富含鞣质,生产和采收方便,资源再生快且产量高,因此是提取树胶的好原料,具有较大的发展潜力。芳香油植物种类很多,但主要分布于种子植物中。其中重要的科有樟科、芸香科、唇形科、桃金娘科、伞形科、禾本科、蔷薇科、松科、柏科、莎草科等。

植物胶植物主要分布于大戟科、夹竹桃科、菊科、卫矛科、萝藦科、杜仲科等科中。树脂树胶植物约有30种,松柏类、漆树科是富含树脂的类群,蔷薇科有不少种类如山桃、山杏等能产生树胶。

油脂植物中不能食用的种类,大多可用于工业用途,如油桐、乌桕、蓖麻等。经济昆虫的寄生植物有五倍子寄主植物提灯藓、白蜡虫寄主植物白蜡树等。工业用植物性染料如苏木等。

3.2.1.4 防护和改造环境植物资源

这一类植物是指防风固沙、水土保持、改良环境、固氮增肥、改良土壤、美化环境以及能监测和抗污染的植物。湖北的乡土树种枫杨常生长于堤岸旁,起到水土保持、防风固沙的作用。固氮植物如豆科植物以及沙枣、马桑等,钾肥植物如碱蓬属等,增加土壤有机质的植物如紫苏等。各种草皮、行道树、观赏花卉、盆景等都是现代生活不可缺少的环境植物,如杜鹃花、报春花、龙胆花在三峡地区皆有野生种。各种地衣、苔藓可以作为监测和抗污染植物等。

3.2.1.5 植物种质资源

每一个植物种都具有独特的遗传性,这种区别于其他物种的遗传性,就是种质。种质资源主要包括两个方面,一是有用植物及其近缘属种,二是各种濒危植物。三峡地区以盛产茶叶和柑橘著名,有很多野生近缘种、乡土种,是重要的种质资源。如宜昌橙,是柑橘中抗寒性最强,耐瘠薄、耐阴的原始野生类型,为世界最古老的物种之一。三峡植物园,在三峡库区及三峡周边地区收集迁移珙桐、南方红豆杉、巴东木莲、荷叶铁线蕨、疏花水柏枝、宜昌楠、宜昌木姜子、长阳十大功劳、四川虎刺、丰都车前、宜昌黄杨等共计 316 种 12 800 多株珍稀濒危植物。

3.2.2 野生植物资源调查的方法

3.2.2.1 调查前准备工作

1)确定调查内容和方法

植物资源调查,取决于调查目的和可能投入的人力物力,在调查内容上,可以调查该地的全部、某一类或某几类、两种或几种植物资源。当一个地区从来没开展过植物资源调查时,需要进行全面调查,以提供一份该地区的植物资源名单。调查该地某一类或某几类植物资源,通常是根据该地某项经济要求或根据调查者本人的愿望而确定的。在对该地区植物资源已有初步了解,而想对其中利用价值大、有发展前途的种类进行重点了解时,则采用深入调查少数几种植物的做法。

植物资源调查可选择能代表该地生境特点和植被类型的地方作为调查点。在时间安排上,最好选择周年定期的方式,即在 4 月份至 10 月份的植物生长期间,每隔半个月或一个月,进行一次调查。这样安排,对全面了解一个地点的植物资源很是必要。在人力不足时,也可采取在暑期集中调查几次的方式。在调查方法上可以用样地或者样线法。在植物群落中设想一条直线,沿直线一侧的 1m 范围内进行调查即是样线法。样线长度一般不短于 50m,样线数目不少于 5~10 条(要在不同高度、不同坡向设立样线)。样线法一般适用于乔木、灌木、大型草本和稀疏分散的种类。

2)准备调查的用品、用具

测定资源植物的用品、用具,随所调查的资源类别而异。如测定纤维植物需要显微镜和测微尺,芳香植物则需要小型蒸馏装置。应该根据调查内容做好准备。在确定某种植物的资源价值时,必须同时确定它的名称和分类地位,要使调查者认识所调查的植物,并采集和制作标本。因此,要准备标本采集和制作的用品、用具。必要时,群落考察的用品、用具也需要准备。

3.2.2.2 调查过程

1)野外调查

野外调查中,应在植物群落中设置样方或样线,在样方(样线)的范围内寻找植物,进行调查。利用视觉、嗅觉乃至触觉,去观察植物的形态、颜色,分辨气味和触摸质地。在野外,大多数资源植物都可以用这种方法进行测定,也可以用简单的化学方法快速测定植物的资源类型,例如将碘-碘化钾溶液滴在含淀粉的器官薄片上,会迅速产生蓝紫色,证明有淀粉存在。用 1% 铁矾滴在含单宁的树皮切面上,很快呈现蓝绿色,证明有单宁的存在。访问当地居民也可以了解植物的利用价值。如各种药用植物，在野外很难测定，可访问当地居民，了解各种植物的药用价值。

野外调查中，还需要注意调查资源植物的蓄积量。可以通过样方或者样线调查的结果，估算每公顷所含目标植物的株数，这就是数量蓄积调查。在数量蓄积调查的基础上，可以进行重量蓄积调查，也就是估算单位面积内该资源植物的总湿重和总干重。重量蓄积的调查是在样方内或在样线一侧选择一定数目的植株，或挖取其整株植物，或采摘其有用部分，就地进行称重，获得湿重数字；再将称重过的植物带回晒干，再次称重，获得干重数字。

2）室内鉴定和测定

调查中，一般要对初步确定的资源植物进行标本和样品的采集。采集标本是为了准确地分类，而采集样品主要是为了在室内检验测定之用。样品采集的部位、数量以及规格要求，视资源植物的类型而异。例如油脂植物要采集果实（或种子）2000~3000g，纤维植物则要采集其皮部或全部茎叶，数量在1000g左右。采集的样品要放在阴处风干保存，勿使其生霉腐烂。室内测定的目的是提取植物体中的有关成分以及分析提取物的含量和质地，如芳香植物的芳香油、纤维植物的纤维，包括测定芳香植物单位干重含芳香油的数量，芳香油的物理、化学指标的测定，纤维的化学分析，单纤维的长度和宽度的测定等。通过室内测定，可以确定一个资源植物的产量、品质和利用价值，这是调查植物资源不可缺少的步骤。

3.2.2.3 资料整理和总结

1）资料的整理

在野外调查中，采集了大量标本，应及时将它们制成蜡叶标本和浸制标本，并查阅文献，鉴定名称。定名后的标本，应该按资源植物的类别进行分类，妥善存放。植物标本是资源调查工作全部成果的科学依据。因此，每一份标本都要具备以下3个条件：标本本身应是完整的；野外记录复写单的各项内容应完整无缺，定名正确；样品都要单独存放（放入布袋、纸袋或其他容器内），拴好号牌，容器外面贴好登记卡。

所有野外观察记录、野外简易测定结果、室内测定数据、各种测定方法、访问记录等，都是调查工作的原始资料。依据这些原始资料，才能发现和确定新的资源植物和提出如何对植物资源利用的意见。

2）资料的总结

总结调查和测定的结果，提出野生植物资源名录，准确而全面的野生植物资源名录能够对该地区的资源开发和经济发展提供重要的线索和依据。对名录中的每一种资源植物，应说明它的分布、生境、利用部分、野外测定结果、利用价值、蓄积量估算等。

在提出一份植物资源名录的基础上，指出一些有开发价值的植物。有开发价值的植物应该是新发现的、有重大利用价值的新资源植物；或是已知的资源植物，但在调查中发现有新的重要用途；或是已知的资源植物，也没发现新的用途，但在该地发现有大量分布。对有开发价值的资源植物，除应按照名录中各项内容进行介绍，还应提出它的利用方法和发展前途。

根据该地区的野生植物资源名单和重要资源植物情况，可以提出对该地野生植物资源综合利用的方案。其内容包括：应开发利用哪些植物资源，如何开发利用，如何做到持续利用，对该地濒危植物资源如何保护，如何做到开发和保护相结合等。

3.2.3 三峡库区主要植物种类以及鉴定方法

3.2.3.1 植物主要类群及其特征

现代植物分为四大类群:藻类、苔藓、蕨类和种子植物。

藻类是所有植物中最古老的。大多数藻类生活在水中。它们的结构非常简单,每个可见的个体都没有根、茎、叶的区别。藻体为单细胞、群体或多细胞体,微小者必须借显微镜才能可见,大者如马尾藻、巨藻等可长达几米、几十米到上百米。内部构造初具细胞上的分化而不具有真正的根、茎、叶。整个藻体是一个简单的含有叶绿素能进行光合作用的叶状体。藻类的生殖基本上是由单细胞的孢子或合子离开母体直接或经过短期休眠后萌发成新个体。

苔藓植物门(Bryophyta)属于高等植物。植物无花,无种子,以孢子繁殖。苔藓植物是一群小型的多细胞的绿色植物,多适生于阴湿的环境中,最大的种类也只有数十厘米,简单的种类与藻类相似,呈扁平的叶状体。比较高级的种类,植物体已有假根和类似茎、叶的分化。苔藓植物体的内部构造简单,假根是由单细胞或由一列细胞所组成,无中柱,只在较高级的种类中,有类似输导组织的细胞群。苔藓植物体的形态、构造虽然如此简单,但由于苔藓植物具有似茎、叶的分化,孢子散发在空中,对陆生生活仍然有重要的生物学意义。

蕨类(Pteridophyta)是最低级的高等植物,繁盛于石炭纪,当时曾是高达 20～30m 的高大植物,靠孢子繁衍后代。一些种类可食用、药用和观赏。地球上的优质煤基本上是由石炭纪大型蕨类植物形成的。这些蕨类中的绝大多数已在中生代前灭绝。今天它们的后代多生长在阴暗湿润的丛林里,且多为矮小类型。

种子植物是植物界最高等的类群。所有的种子植物都有两个基本特征:①体内有维管组织——韧皮部和木质部;②能产生种子并用种子繁殖。现有种子植物分为裸子植物和被子植物两大类。

裸子植物的种子裸露,其外层没有果皮包被。被子植物种子的外层有果皮包被。被子植物是植物界最进化的种类,已分化出 20 余万种,是现今地球表面绿色的主体。

3.2.3.2. 三峡地区种子植物主要类群及其鉴定特征

1)裸子植物

(1)苏铁科:常绿木本,茎通常无分支,叶二形,鳞叶小,被褐色毛,营养叶大,羽状深裂,集生于茎顶,幼时拳卷。

(2)银杏科:落叶乔木,叶片扇形,二叉状脉序。

(3)松科:木本,叶针形或钻形,螺旋状排列,单生或簇生,球果的种鳞与苞鳞半合生或合生。

(4)杉科:乔木,叶披针形或钻形,叶、种鳞均为交互对生或轮生,球果的种鳞与苞鳞合生。

(5)罗汉松科:常绿木本,叶线形、披针形或阔长圆形、针形或鳞片状,互生,稀对生,种子核果状或坚果状,为肉质假种皮所包围,着生于种托上。

(6)柏科:木本,叶鳞形或刺形,叶、种鳞均为交互对生或轮生,球果的种鳞与苞鳞合生。

(7)三尖杉科:常绿木本,叶针形或线形,互生或对生,常二列,种子核果状或坚果状,为由珠托发育成的肉质假种皮所全包或半包。

2)被子植物

(1)木兰科:木本,单叶互生,托叶包被幼芽,早落,在节上留有托叶环,聚合果、稀翅果。

(2)八角科:常绿木本,单叶互生,无托叶,揉碎后具香气,心皮离生,轮状排列,聚合果。

(3)五味子科:藤本,单叶互生,无托叶,花单性,聚合果呈球状或散布于极延长的花托上,种子藏于肉质的果肉内。

(4)樟科:木本,单叶互生,揉碎后具芳香,花药瓣裂,第三轮雄蕊花药外向,核果。

(5)毛茛科:草本,裂叶或复叶,花两性,各部离生,雄蕊和雌蕊螺旋状排列于膨大的花托上,聚合瘦果。

(6)小檗科:花单生或排成总状花序,花瓣常变为蜜腺,雄蕊与花瓣同数且与其对生,花药活板状开裂,浆果或蒴果。

(7)防己科:藤本,单叶互生,常为掌状叶脉,花单性异株,心皮离生,核果。

(8)木通科:藤本,常掌状复叶互生,花单性,单生或总状花序,花各部3基数,花药外向纵裂,肉质果或浆果。

(9)马兜铃科:草本或藤本,叶常心形,花两性,常有腐肉气味,花被通常单层、合生、管状弯曲,三裂,子房下位或半下位,蒴果。

(10)十字花科:草本,总状花序,十字形花冠,四强雄蕊,角果。

(11)景天科:草本,叶肉质,花整齐,两性,5基数,各部离生,雄蕊为花瓣同数或两倍,蓇葖果。

(12)虎耳草科:草本,叶常互生,无托叶,雄蕊着生在花瓣上,子房与萼状花托分离或合生,蒴果。

(13)石竹科:草本节膨大,单叶对生,萼宿存,石竹形花冠,蒴果。

(14)马齿苋科:肉质草本,叶全缘,萼片通常为2,花瓣常早萎,蒴果,盖裂或瓣裂。

(15)蓼科:草本,节膨大,单叶互生,全缘,托叶通常膜质,鞘状包茎或叶状贯茎,瘦果或小坚果三棱形或凸镜形,包于宿存的花萼中。

(16)藜科:草本,花小,单被,草质或肉质,雄蕊对花被,胞果。

(17)苋科:多草本,花小,单被,常干膜质,雄蕊对花被片,常为盖裂的胞果。

(18)酢浆草科:草本,指状复叶或羽状复叶,萼5裂,花瓣为5,雄蕊为10,子房基部合生,花柱为5,蒴果或肉质浆果。

(19)凤仙花科:肉质草本,花有颜色,最下的一枚萼片延伸成一管状的距,肉质。蒴果,弹裂。

(20)柳叶菜科:草本,花托延伸于子房上呈萼管状,子房下位,多为蒴果。

(21)胡桃科:落叶乔木,羽状复叶,单性花,子房下位,坚果核果状或具翅。

(22)瑞香科:多木本,树皮柔韧,单叶全缘,花萼花瓣状,合生,花瓣鳞片状或缺,雄蕊萼生,花药分离,浆果、核果或坚果。

(23)杨柳科:木本,单叶互生,有托叶,花单性异株,柔荑花序,每一花生于苞片腋内,子房一室,蒴果2~4瓣裂。

(24)桦木科:落叶乔木,单叶互生,单性同株,雄花序为柔荑花序,每一苞片内有雄花3~6朵,雌花为圆锥形球果状穗状花序,2~3朵生于每一苞片腋内,坚果有翅或无翅。

(25)壳斗科:木本,单叶互生,托叶早落,羽状脉直达叶缘,子房下位,坚果,包于壳斗(木质化的总苞)内。

(26)榆科:木本,单叶互生,常二列,有托叶,单被花,雄蕊着生于花被的基底,常与花被裂片对生,花柱2条裂,果为一翅果、坚果或核果。

(27)桑科:木本,常有乳汁,单叶互生,花小,单性,单被,四基数,聚花果。

(28)荨麻科:草本,茎皮纤维发达,叶内有钟乳体,花单性,单被,聚伞花序,核果或瘦果。

(29)悬铃木科:落叶乔木,侧芽藏在叶柄基部内,单叶互生,常掌状脉或掌状分裂,花单性同株,球型头状花序,聚合果呈球形。

(30)蔷薇科:叶互生,常有托叶,花两性,周位花,核果、聚合瘦果、骨突果、梨果等果实。

(31)含羞草科:木本或草本,羽状复叶,花辐射对称,雄蕊常多数,荚果。

(32)苏木科:木本,花两侧对称,花瓣上升覆瓦状排列,雄蕊为10或较少,离生,荚果。

(33)蝶形花科:有托叶,花两侧对称,蝶形花冠,花瓣下降呈覆瓦状排列,常两体雄蕊,荚果。

(34)芸香科:有油腺,含芳香油,叶上具透明小点,多复叶,下位花盘,外轮雄蕊常与花瓣对生,柑果等果实。

(35)无患子科:常羽状复叶,花杂性,花瓣内侧基部常有毛或鳞片,花盘发达,位于雄蕊的外方,3个心皮子房,种子常具假种皮。

(36)槭树科:乔木或灌木,叶对生,常掌状分裂,翅果。

(37)漆树科:乔木或灌木,单叶或羽状复叶,花小,辐射对称,雄蕊内有花盘,子房常1室,核果。

(38)冬青科:常绿木本,单叶常互生,花单性异株,排成腋生的聚伞花序或簇生花序,无花盘,浆果状核果。

(39)卫矛科:乔木或灌木,常攀援状,单叶对生或互生,花小,淡绿色,聚伞花序,子房常为花盘所绕或多少陷入其中,雄蕊位于花盘之上、边缘或下方,种子常有肉质假种皮。

(40)大戟科:植物体常有乳汁,花单性,子房上位,常3室,胚珠悬垂,常蒴果,或浆果状,或核果状。

(41)鼠李科:木本,单叶,花瓣着生于萼筒上并与雄蕊对生,花瓣常凹形,花盘明显,常为核果。

(42)椴树科:常为木本,树皮柔韧,单叶互生,基出脉,常被星状毛,有托叶,聚伞花序,花瓣内侧常有腺体,雄蕊常多数,子房上位,柱头锥状或盾状,蒴果、核果或浆果。

(43)葡萄科:藤本,有卷须与叶对生,花序与叶对生,雄蕊与花瓣对生,浆果。

(44)锦葵科:单叶互生,常为掌状叶脉,有托叶,花常具副萼,单体雄蕊具雄蕊管,蒴果或分裂为数个果瓣的分果。

(45)猕猴桃科:藤本,植物体毛发达,单叶互生,无托叶,花序腋生,花药背部着生,浆果或蒴果。

(46)梧桐科:多木本,幼嫩部分常有星状毛,树皮柔韧,常有托叶,通常有雌雄蕊柄,雄蕊的花丝常合生成管状,常为蒴果或蓇葖果。

(47)山茶科:常绿木本,单叶互生,花单生或簇生,有苞片,雄蕊多数,成数轮,常花丝基部合生而成数束雄蕊,中轴胎座,蒴果或核果。

(48)胡颓子科:木本,全株被银色或金褐色盾形鳞片,单叶全缘,单被花,花被管状。

(49)山茱萸科：多木本，单叶，花序有苞片或总苞片，萼管与子房合生，花瓣与雄蕊同生于花盘基部，子房下位，核果或浆果状核果。

(50)伞形科：芳香性草本，常有鞘状叶柄，单生或复生的伞形花序，五基数花，上位花盘，子房下位，双悬果。

(51)五加科：木本，稀草本，伞形花序，五基数花，子房下位，浆果或核果。

(52)杜鹃花科：木本，有具芽鳞的冬芽，单叶互生，花萼宿存，合瓣花，雄蕊生于下位花盘的基部，花药孔裂，多蒴果。

(53)柿树科：木本，单叶全缘，花常单性，花萼宿存，浆果。

(54)山矾科：木本，单叶互生，花萼常宿存，合瓣花，冠生雄蕊，子房下位，核果或浆果，顶端冠以宿存的花萼裂片。

(55)报春花科：草本，常有腺点和白粉，花两性，雄蕊与花冠裂片同数而对生，特立中央胎座，蒴果。

(56)龙胆科：常草本，单叶对生，两性花，花冠裂片右向旋转排列，冠生雄蕊与花冠裂片同数而互生，蒴果二瓣开裂。

(57)夹竹桃科：多草本，具汁液，单叶对生或轮生，花冠喉部常有毛，冠生雄蕊，花药矩圆形或箭头形，多蓇葖果，种子常一端被毛。

(58)萝藦科：多草本，具乳汁，单叶对生或轮生，有副花冠，雄蕊花丝合生成管包围雌蕊，具花粉块，蓇葖果双生，种子顶端被毛。

(59)茄科：多草本，单叶互生；花萼宿存，果时常增大，雄蕊冠生，与花冠裂片同数而互生，花药常孔裂，心皮为2，合生，浆果或蒴果。

(60)旋花科：藤本，叶互生，两性花，有苞片，萼片常宿存，合瓣花，开花前旋转状，有花盘，蒴果或浆果。

(61)马鞭草科：草本或木本，叶对生，基本花序为穗状或聚伞花序，花萼宿存，花冠合瓣，多左右对称，雄蕊为4，冠生，子房上位，花柱顶生，核果或蒴果状。

(62)唇形科：常草本，含芳香油，茎四棱，叶对生，花冠唇形，轮伞花序，2强雄蕊，2心皮子房，裂成4室，花柱生于子房裂隙的基部，4个小坚果。

(63)木犀科：木本，叶常对生，花整齐，花萼通常4裂、花冠4裂，雄蕊2，子房上位，2室，每室常2胚珠。

(64)玄参科：常草本，单叶，常对生，花左右对称，花被为4或5，常2强雄蕊，心皮2室，蒴果。

(65)桔梗科：常草本，含乳汁，单叶互生，钟状花冠，子房上位，常3室蒴果。

(66)茜草科：单叶互生，托叶位于叶柄间或叶柄内，合瓣花，子房下位，2室，蒴果、浆果或核果。

(67)忍冬科：常木本，叶对生，无托叶，合瓣花，子房下位，常3室，浆果、蒴果或核果。

(68)苦苣苔科：单叶常对生，花冠常唇形，冠生雄蕊，花药常成对连着，一室子房，侧膜胎座，倒生胚珠，蒴果。

(69)爵床科：常草本，叶对生，节部常膨大，花具苞片，花常唇形，2室子房，蒴果，种子常具钩。

(70)车前科：草本，叶基生，基部成鞘，穗状花序，花四基数，花单生于苞片腋部，花冠干膜质,蒴果环裂。

(71)败酱科:多草本,单叶对生,多羽状分裂,聚伞圆锥花序,子房下位,3室,仅1室发育,胚珠为1,瘦果。

(72)葫芦科:藤本,卷须生于叶腋,单叶互生,稀鸟足状复叶,花单性,花药药室常曲形,子房下位,瓠果。

(73)泽泻科:水生或沼泽生草本,花于花轴上轮状排列,外轮花被萼状。

(74)棕榈科:木本,树干不分枝,叶常为羽状或扇形分裂,在芽中呈折扇状,肉穗花序。

(75)天南星科:草本,有对人的舌有刺痒或灼热感的汁液,佛焰花序,浆果。

(76)莎草科:草本,杆三棱形,实心,无节,叶三列,有封闭的叶鞘,小坚果。

(77)禾本科:多草本,杆圆柱形,中空,有节,叶二列,叶鞘开裂,颖果。

(78)姜科:多年生草本,常有香气,叶鞘上具叶舌,外轮花被与内轮明显区分,发育雄蕊1枚,其余常退化为花瓣状。

(79)石蒜科:多年生草本,叶基生,常伞形花序,生于花茎顶上,具膜质苞片,花3基数,子房下位,中轴胎座,蒴果或浆果状。

(80)百合科:草本,花三基数,子房上位,中轴胎座,蒴果或浆果。

(81)薯蓣科:缠绕草本,叶具基出掌状脉,有网脉,花单性,蒴果有翅或浆果。

(82)灯心草科:湿生草本,茎多簇生,叶基生或同时茎生,常具叶耳,花3基数,蒴果3瓣裂。

(83)鸢尾科:多年生草本,具地下茎变态茎,叶常根生而嵌叠状,剑形或线形,花由鞘状苞片内抽出,常大而有美丽的斑点,子房下位,蒴果3室,背裂。

(84)芭蕉科:草本,常有由叶鞘重叠而成的树干状假茎,穗状花序生于佛焰苞内,子房下位,浆果或蒴果。

(85)兰科:草本,须根附生有肥厚的根被,花左右对称,有唇瓣,雄蕊和雌蕊合生成合蕊柱,花粉结合成花粉块,子房下位,蒴果,种子极多,微小。

(86)菊科:头状花序,有总苞,合瓣花,聚药雄蕊,子房下位,连萼瘦果。

(87)鸭跖草科:草本,有叶鞘,双花被,子房上位,蒴果,种子有棱。

3.3 国家重点保护野生植物

三峡库区(包括湖北和重庆)植物资源非常丰富。根据文献记录,三峡库区维管植物共有6088种(包括种下等级及重要和常见栽培种),分属于208科1428属,约占全国植物总种数的20%。其中,蕨类植物38科100属400种,裸子植物9科30属88种,被子植物161科1298属5600种(肖文发等,2000)。

由于未受第四纪大陆冰川的影响,三峡库区是我国第三纪古老植物的残遗分布中心之一,素有古老孑遗植物的"避难所"和植物区系"交汇地"之称,且分布着许多中国特有属,是中国植物物种多样性研究的关键地区之一。

根据1999年颁布的《国家重点保护野生植物名录(第一批)》,三峡库区分布有国家重点保护野生植物38种,占全国总种数的13.82%,其中一级9种,即银杏(*Ginkgo biloba*)、银杉

(Catya argyrophylla)*、水杉(Metasequoia glyptostroboides)*、红豆杉(Taxus chinensis)、南方红豆杉(Taxus chinensis var. mairei)、莼菜(Brasenia schreberi)(吴金清等,2009)、伯乐树(Bretschneidera sinensis)、珙桐(Davidia involucrata)、光叶珙桐(Davidia involucrata var. vilmoriniana);二级29种,即桫椤(Cyathea spinulosa)*、金毛狗(Cibotium barometz)、秦岭冷杉(Abies chensiensis)、大果青杆(Picea neoveitchii)、金钱松(Pseudolarix amabilis)、黄杉(Pseudotsuga sinensis)*、福建柏(Fokienia hodginsii)*、篦子三尖杉(Cephalotaxus oliveri)、巴山榧树(Torreya fargesii)、台湾水青冈(Fagus hayatae)、榉树(Zelkova serrata)、金荞麦(Fagopyrum dibotrys)、莲(Nelumbo nucifera)、连香树(Cercidiphyllum japonicum)、鹅掌楸(Liriodendron chinense)、水青树(Tetracentron sinense)、樟(Cinnamomum camphora)、闽楠(Phoebe bournei)、楠木(Phoebe zhennan)、油樟(Cinnamomum longepaniculatum)(肖文发等,2000)、野大豆(Glycine soja)、花榈木(Ormosia henryi)、红豆树(Ormosia hosiei)、秃叶黄檗(Phellodendron chinense var. glabriusculum)、川黄檗/黄皮树(Phellodendron chinense)、伞花木(Eurycorymbus cavaleriei)、长果秤锤树(Sinojackia dolichocarpa)、呆白菜(Triaenophora rupestris)、香果树(Emmenopterys henryi)、七子花(Heptacodium miconioides)(注:标*者仅三峡库区重庆部分有分布)。

第4章 植物种群生态学调查

4.1 植物种群空间分布格局调查

4.1.1 目的和意义

通过本实验,使学生认识群落中不同种群个体在空间分布上表现出的不同类型(即随机分布型、集群分布型、均匀分布型),了解检验种群空间分布类型的基本方法,并学会运用1~2种判断种群生态空间格局类型的方法。

4.1.2 仪器、设备及材料

设备、材料:皮尺、铅笔、野外记录表格、计算器。

4.1.3 方法与步骤

4.1.3.1 野外调查

(1)准备工作:每6~8个学生为一组,选择所需研究的植物种群,并确定合适的样地位置。调查前先画好野外记录表格(表4-1),并带齐调查所需物品。

(2)确定样地面积:根据最小面积确定,草本1m×1m,灌木5m×5m,乔木25m×25m。

(3)采用邻近格子法在所选样地中划分小样方:草本0.1m×0.1m或0.2m×0.2m,灌木1m×1m,乔木可4m×4m或5m×5m。至少测8个小样方,也可根据具体情况确定合适的样方大小。

(4)计数:将每一小样方中待测植物的株数,记录在野外表格中。

表4-1 种群空间格局样方统计表

样地位置:_____ 调查日期:_____
物种名称:_____ 样地面积:_____ 调查人:_____

样方号	1	2	3	4	5	6	7	8	9	10	11	12	13
个体数													
样方号	14	15	16	17	18	19	20	21	22	23	24	25	
个体数													

4.1.3.2 数据处理

将所得的野外数据带回实验室,进行整理和进一步数据处理。采用分布系数法(扩散系数法)进行数据处理。

该方法根据泊松分布具有方差与均值相等的性质,来统计和检验野外调查数据,如表4-2所示。

表4-2 种群分布系数计算步骤

均值(平均株数)	$\bar{x}=\dfrac{\sum\limits_{i=1}^{n}x_i}{n}$
方差	$s^2=\dfrac{\sum\limits_{i=1}^{n}(x_i-\bar{x})^2}{n-1}$
分布系数(方差均值比)	$Cx=\dfrac{方差}{平均株数}=\dfrac{s^2}{\bar{x}}$

若 $Cx=0$,种群属于均匀分布;$0<Cx<1$,属于规则分布;$Cx=1$,属于泊松分布(随机分布);$Cx>1$,属于集群分布。

4.2 种群空间分布格局调查实例分析

4.2.1 大老岭陷马池茅栗种群空间分布格局调查(实例1)

样方面积:25m×25m;样地位置:N 31°03′37″,E 110°54′54″;调查日期:2008年7月20日;调查人:043062班;物种名称:茅栗(表4-3)。

表4-3 大老岭陷马池茅栗种群分布统计表　　　　　　　　　　单位:株

样方号	1	2	3	4	5	6	7	8	9	10	11	12	13
个体数	3	1	4	2	1	3	0	1	1	9	6	3	1
样方号	14	15	16	17	18	19	20	21	22	23	24	25	
个体数	0	1	1	1	3	0	7	2	2	3	1	2	

经计算分布系数 $Cx=(3+1+4+2+1+3+1+1+9+6+3+1+1+1+1+3+7+2+2+3+1+2)\times 1/25=2.32>1$,说明茅栗种群属于集群分布。

样方所在海拔1700多米,一面临水,一面峭壁,一般生长于海拔800~1600m的林中,茅栗生于向阳、干燥的山地,耐阴性不强。茅栗的种子没有散布的能力,通常会落在母株附近形成集群,林深处的寄生植物对其绞杀可能会影响茅栗的分布,由于人为的砍伐,靠近陷马池一侧的阳光较充沛,可能是茅栗集群分布的原因。

茅栗种群集群分布主要原因:①选取样方地形坡度较大,靠陷马池一侧地形开阔,阳光充足,远离陷马池一侧地形陡峭,空间有限,竞争压力大;②茅栗种子散布能力差,常落在母株附近形成集群;③茅栗属于粗粒型种群,容易集群分布。

4.2.2 邓村杉木种群空间分布格局调查(实例2)

样方面积:25m×25m;样地位置:N 30°57′25″,E 110°59′36″;调查日期:2015年7月17日;调查人:043132班;物种名称:短柄枹栎(表4-4)。

表4-4 邓村杉木种群空间格局样方统计表　　　　　　　　　　　单位:株

样方号	1	2	3	4	5	6	7	8	9	10	11	12	13
个体数	1	3	0	0	1	1	0	1	1	3	2	9	1
样方号	14	15	16	17	18	19	20	21	22	23	24	25	
个体数	1	1	3	3	9	1	2	4	4	2	2	1	

经计算分布系数 $Cx=2.43>1$,杉木种群属于集群分布。

杉木种群集群分布原因分析:①杉木的种子成熟后掉落在母株附近,由于林中不同位置透光强度的差异,造成散落在母株周围的杉木种子在林下光斑处萌发形成簇生的幼株群,同时样地起伏不平,低洼处更容易聚集种子,导致杉木幼龄形成集群分布;②当地老乡砍伐杉木做天麻接菌,导致样地林中形成大小不等的林窗,杉木在林窗边缘和林窗内形成异龄聚集;③调查发现杉木在山坡较阴一侧分布更为集中,该地段土壤更为肥沃、深厚和疏松,杉木对土壤要求较高,故在该阴坡分布更多,同时也说明杉木具有耐阴性、喜湿的生活特性。再者,阳坡光照过强容易导致水分散失剧烈,达不到杉木对生境湿度的需求。因此,杉木的集群分布受水分、土壤及光照的综合影响。

4.2.3 秭归张家冲樟树种群空间分布调查(实例3)

样方面积:25m×25m;样地位置:N 30°50′01″,E 110°57′55″;调查日期:2015年7月19日;调查人:043132班;物种名称:樟树(表4-5)。

表4-5 秭归张家冲樟树种群空间分布统计表　　　　　　　　　　单位:株

样方号	1	2	3	4	5	6	7	8	9	10	11	12	13
个体数	0	0	0	0	0	3	3	2	7	5	4	6	1
样方号	14	15	16	17	18	19	20	21	22	23	24	25	
个体数	9	4	1	5	4	4	2	0	0	5	12	12	

经计算分布系数 $Cx=3.56>1$，樟树种群属于集群分布。其原因有：①樟树的种子没有散播能力，通常散落在母株附近形成集群，导致幼苗和幼树集群分布显著。幼苗与草本植物之间激烈的种间生存竞争，也使得其只能以集群形式去争夺和利用环境资源，以维持种群自身的养分供给和生长。②樟树喜阳、喜湿，在地势开阔平缓、阳光充足以及土壤湿润肥沃的地段分布较集中，由于水分限制，在地势陡峭地段分布较少。

4.2.4 秭归张家冲橍栎种群空间分布格局调查（实例4）

样方面积：25m×25m；样地位置：N 30°50′01″，E 110°57′55″；调查日期：2015年7月19日；调查人：043132班；物种名称：橍栎（表4-6）。

表4-6 秭归张家冲橍栎种群空间分布统计表 单位：株

样方号	1	2	3	4	5	6	7	8	9	10	11	12	13
个体数	3	2	6	2	2	2	5	2	5	3	2	1	2
样方号	14	15	16	17	18	19	20	21	22	23	24	25	
个体数	2	3	2	0	4	3	0	3	5	2	1	2	0

经计算橍栎种群分布系数 $Cx=1.03$，其分布系数接近1，分布格局总体接近随机分布。其原因为：橍栎对环境的适应性很强，喜光，稍耐阴，耐寒，耐干旱瘠薄，可见橍栎对生境要求并不高，加上种内竞争和种间竞争的作用，使橍栎聚集强度下降，接近随机分布。

4.2.5 调查结果（作业）

列出原始数据表格及数据整理步骤；计算并得出种群空间分布格局类型。

4.2.6 思考题

(1) 种群空间格局分布类型的特点及可能形成原因的分析。
(2) 讨论样方大小对实验结果的影响。

4.3 植物种群年龄结构调查

种群各年龄组的个体数或百分比的分布呈金字塔形，因此将这样的年龄分布称为年龄金字塔或年龄锥体。种群的年龄分布体现种群存活、繁殖的历史，以及未来潜在的增长趋势。因此，研究种群的历史，便可预测种群的未来。种群年龄金字塔有3种类型：①增长型种群的幼年组个体数多，老年组个体数少，种群的死亡率小于出生率，种群迅速增长；②稳定型种群的出生率大约与死亡率相当，种群稳定；③下降型种群的幼年组个体数少，老年组个体数多，种群的死亡率大于出生率，种群数量趋向减少。

4.3.1 三峡大老岭盘龙岭人工华山松种群年龄结构分析（实例 1）

样地位置：盘龙岭；样方面积：25m×25m；调查日期：2008 年 7 月 22 日；调查人：043062 班；物种名称：华山松（表 4-7，图 4-1）。

表 4-7 三峡大老岭盘龙岭华山松林种群年龄分布统计

胸径(cm)	12.7～22.3	22.3～31.8	31.8～41.4
株数	10	14	8

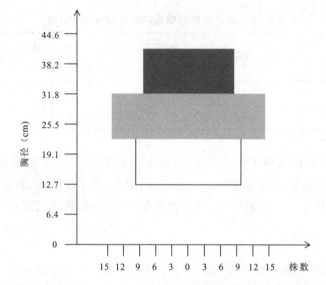

图 4-1 三峡大老岭盘龙岭人工华山松林种群年龄结构金字塔

人工华山松林，经过 30～50 年的生长后，形成华山松单优势种群落，华山松年龄倒金字塔形指示了华山松种群的衰退趋势。本次调查没有发现华山松幼龄植株，随着演替的进行，华山松将被地带性顶极物种如米心水青冈、亮叶水青冈、锥栗等代替。

4.3.2 三峡大老岭盘龙岭顶极群落亮叶水青冈种群年龄结构分析（实例 2）

样地位置：盘龙岭；样方面积：25m×25m；调查日期：2008 年 7 月 22 日；调查人：043062 班；物种名称：亮叶水青冈（表 4-8，图 4-2）。

表 4-8 大老岭盘龙岭亮叶水青冈胸径统计表

胸径(cm)	0～6.4	6.4～12.7	12.7～19.1	19.1～25.5	25.5～31.8
株数	19	8	5	2	2

第 4 章 植物种群生态学调查

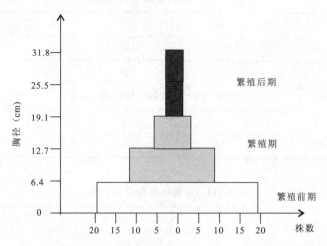

图 4-2 山峡大老岭盘龙岭顶极群落亮叶水青冈种群年龄结构金字塔

由以上亮叶水青冈的年龄结构图可以看到胸径在 0～6.4cm 处乔木最多,为繁殖前期,6.4～19.1cm 繁殖期个体数明显少于繁殖前期(个体),而 19.1cm 以上部分即繁殖后期个体极少,说明该种群年龄结构为增长型。年龄结构图表现为下宽上窄的正金字塔形,表明亮叶水青冈种群呈增长趋势。

4.3.3 邓村乡次生林优势种种群年龄结构分析(实例 3)

样地位置:邓村;样方面积:25m×25m;调查日期:2015 年 7 月 17 日;调查人:043131 班;物种名称:华中山柳等(表 4-9～表 4-14,图 4-3)。

表 4-9 苗木分级标准

分级	Ⅰ级幼苗	Ⅱ级苗木	Ⅲ级小树	Ⅳ级中树	Ⅴ级大树
标准(cm)	高<33	胸径<2.5	胸径 2.5～7.5	胸径 7.5～22.5	胸径>22.5

表 4-10 华中山柳胸径统计表

径级	Ⅰ	Ⅱ	Ⅲ	Ⅳ	Ⅴ
株数	23	21	16	2	0

表 4-11 青榨槭胸径统计表

径级	Ⅰ	Ⅱ	Ⅲ	Ⅳ	Ⅴ
株数	22	18	17	8	3

表 4-12 四照花胸径统计表

径级	Ⅰ	Ⅱ	Ⅲ	Ⅳ	Ⅴ
株数	22	23	20	6	0

表 4-13 杉木胸径统计表

径级	Ⅰ	Ⅱ	Ⅲ	Ⅳ	Ⅴ
株数	21	14	15	5	1

表 4-14 短柄枹栎胸径统计表

径级	Ⅰ	Ⅱ	Ⅲ	Ⅳ	Ⅴ
株数	17	15	16	16	14

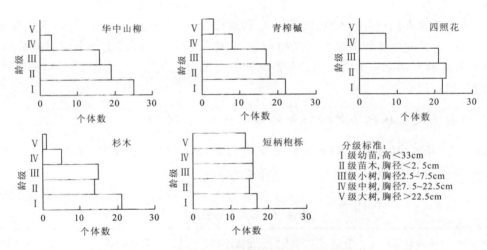

图 4-3 邓村乡次生林优势种群年龄结构分布

(1)华中山柳种群的年龄结构呈正金字塔形,属于快速增长型,该样地的华中山柳的数量随龄级的增大而减少,该样地为新砍伐后产生的次生林,大部分华中山柳呈丛状分布,华中山柳为落叶灌木或乔木,无Ⅴ龄级大树分布属正常。

(2)青榨槭年龄金字塔属于较快速增长型,青榨槭种群的数量在各个龄级都有分布,且随着龄级的增大其数量逐渐减少的特征。

(3)四照花年龄金字塔总体处于稳定增长状态。该样地的四照花数量主要集中在Ⅰ、Ⅱ、Ⅲ龄级,四照花为落叶小乔木,故年龄级达到Ⅳ级和Ⅴ级的比较少。

(4)杉木种群年龄结构呈正金字塔型,总体属于增长型。Ⅰ~Ⅲ龄级杉木分布较多,Ⅳ~Ⅴ龄级的数量较少,由于当地老乡砍伐杉木做天麻接菌,导致杉木老龄期个体稀少,其分布受人为干扰、采伐影响较大。

(5)短柄枹栎的年龄结构图接近钟形,属于明显的稳定型。短柄枹栎个体数在各个龄级分布均匀,且繁殖前期与繁殖后期个体数相当。

4.3.4 秭归张家冲针阔混交林优势种种群年龄调查(实例4)

样地位置:张家冲;样方面积:25m×25m;调查日期:2015年7月21日;调查人:043132班;物种名称:枫香等(表4-15~表4-19,图4-4)。

表4-15 枫香胸径统计表

径级	Ⅰ	Ⅱ	Ⅲ	Ⅳ	Ⅴ
株数	14	13	12	9	5

表4-16 樟树胸径统计表

径级	Ⅰ	Ⅱ	Ⅲ	Ⅳ	Ⅴ
株数	23	22	22	17	5

表4-17 青冈栎胸径统计表

径级	Ⅰ	Ⅱ	Ⅲ	Ⅳ	Ⅴ
株数	22	15	19	12	6

表4-18 槲栎胸径统计表

径级	Ⅰ	Ⅱ	Ⅲ	Ⅳ	Ⅴ
株数	13	14	12	12	10

表4-19 马尾松胸径统计表

径级	Ⅰ	Ⅱ	Ⅲ	Ⅳ	Ⅴ
株数	4	5	9	11	13

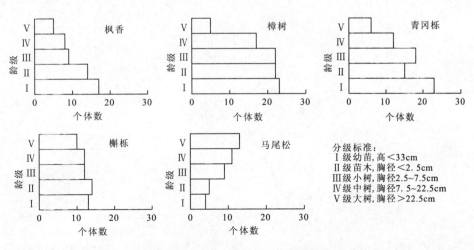

图4-4 秭归张家冲针阔叶混交林优势种种群年龄结构分布

(1)由图 4-4 可以看出,枫香年龄结构为明显的正金字塔形,总体属于快速增长型。枫香自然更新和萌芽力强,幼苗幼树数量较多,中树和大树相对较少,个体数随着龄级的增大而逐渐减少。

(2)樟树年龄结构为明显的正金字塔形,总体属于稳定增长型,Ⅰ～Ⅲ龄级的个体数最多,说明樟树在该样地更新能力强,Ⅳ～Ⅴ龄级大树的数量少。

(3)青冈栎种群年龄结构图呈近似正金字塔形,小龄级的植株数量所占比例较大,且随龄级的增大植株数量大致呈减少的趋势,但Ⅱ级幼树数量比Ⅰ级幼苗和Ⅲ级小树的都要少。青冈栎的年龄结构属于相对稳定增长型种群。

(4)槲栎种群的年龄金字塔为稳定形,与槲栎自身特性有关,槲栎对环境的适应性很强,喜光,稍耐阴,耐寒,耐干旱瘠薄;槲栎对生境要求并不高,有能力自然更新幼苗、幼树。

(5)马尾松年龄结构为明显的倒金字塔形,马尾松幼苗、幼树极少,大树最多,种群年龄结构呈衰退型。据了解,马尾松是 20 世纪 50～60 年代飞机播种于山地,形成了马尾松林,经过几十年的生长,由于森林的郁闭,林冠层荫蔽从而改变了生境的光照条件,促使更加耐阴的樟树、槲栎幼苗生长,抑制了马尾松这种阳性树种的自然更新,群落内喜阴湿的草本植物生长旺盛,马尾松种子萌发和幼苗生长在种间竞争中处于劣势。

4.3.5 结果与讨论

(1)野外如何获得种群可靠的年龄数据?

(2)分析群落演替不同阶段优势种种群年龄结构类型及其影响因素。

第 5 章　植物群落生态学调查

5.1　群落数量特征调查

5.1.1　目的

使学生通过本实验掌握群落数量特征的调查方法,进一步可通过这些基本数量特征了解如何得出群落的其他特征。

5.1.2　仪器

仪器:样方框或样方调查工具、铅笔、野外调查记录表格、计算器(自备)。

5.1.3　原理

群落种类组成的数量特征是近代群落分析技术的重点和群落调查的重要内容,在植物生态学定量分析中尤为重要。在调查中取样非常重要,一般有两种:主观取样法和客观取样法,后者包括简单随机取样(较理想的方法)、规则取样(系统取样)和分层取样。

选定取样方法后,取样技术确定。常用的有样方法、样线法(植物组成分析及植被动态研究多用)、点样法(常用于草本群落的调查)及无样地法(点四分法,多在森林和灌丛调查中使用)。本实验采用样方法。

样方即方形样地,是面积取样中最常用的形式,也是植被调查中使用最普遍的一种取样技术。

植物群落种类组成的数量特征包括:单个数量指标(多度、密度、盖度、频度、高度、重量、体积)和综合数量指标(优势度、重要值)。

1)多度

多度为群落内各物种的个体数量的估测指标。国内多采用 Drude 的七级制多度,即:Soc.:极多,植物地上部分郁闭;Cop^3:很多;Cop^2:多;Cop^1:尚多;Sp.:少,数量不多而分散;Sol:稀少,数量很少而稀疏;Un:个别(样方内某种植物只有 1 株或 2 株)。

物种丰富度指的是群落所包含的物种数目。

2)密度

密度为单位面积上特定种的株数。

相对密度=某种植物的个体数目/全部植物的个体数目×100%

3)盖度

盖度指的是植物地上部分垂直投影面积占样地面积的百分比,即投影盖度。盖度可分为种盖度(分盖度)、层盖度(种组盖度)、总盖度(群落盖度)。通常分盖度或层盖度之和大于总盖度。林业上常用郁闭度表示林木层的盖度。

(1)相对盖度:群落中某一物种的分盖度占所有分盖度之和的百分比;某一物种的盖度占盖度最大物种的盖度的百分比称为盖度比。

(2)基盖度:即植物基部(草本群落以离地面2.54cm高度的断面计算;森林群落以树木胸高1.3m处断面计算)的覆盖面积。

4)频度

频度即某个物种在调查范围内出现的频率。相对频度指群落中某一物种的频度占所有频度之和的百分比。

$$频度=某物种出现的样方数/样方总数×100\%$$

5)高度

高度为测量植物体的一个指标,取其自然高度或绝对高度。某种植物高度占最高的种的高度的百分比称为高度比。

$$相对高度=某个种的高度/所有种高度之和×100\%$$

6)重量

重量是用来衡量种群生物量或现存量多少的指标,可分鲜重与干重。单位面积或容积内某一物种的重量占全部物种总重的百分比称为相对重量。

7)体积

体积为生物所占空间大小的度量。通过体积的计算可以获得木材生产量(称为材积)。

8)优势度(显著度)

优势度用以表示一个种在群落中的地位与作用,但具体定义和方法各家意见不一,可以是盖度、多度、重量、密度等。

9)重要值

$$重要值(Ⅳ)=相对密度+相对频度+相对优势度(相对基盖度)$$

5.1.4 实验步骤

(1)每6~8个学生为一组,在已知的群落类型里,用样方法测定其主要数量特征。

(2)整理合并数据。

5.1.5 结果与讨论

(1)列出你所调查的各样方调查结果,并得出整个群落的数量特征(可进一步利用它们得出群落的其他综合特征)。

(2)你认为合适的样方为多大?多少个样方最合适?如何减少数据误差?

(3)对研究的群落,取哪些数量指标较为合适?为什么?

5.2 物种多样性的测定

群落种类组成的数量特征是近代群落分析技术的重点和群落调查的重要内容,在植物生态学定量分析中尤为重要。

5.2.1 目的

通过对群落中物种多样性的测定,认识多样性指数的生态学意义及掌握测定物种多样性的方法。

5.2.2 仪器

仪器:样方框或样方调查工具、铅笔、野外调查记录表格、计算器(自备)。

5.2.3 原理

物种的多样性是反映群落结构和功能特征的有效指标,是生态学稳定性的量度。因此,研究群落中种的多样性对认识生态系统的结构、功能和稳定程度有重要的意义。种的多样性反映了群落自身的结构和演替特征。群落的自身发展均趋于最大限度地利用环境资源,构成最复杂的结构特征,以适应当地环境空间的异质性。因此,要充分发挥生物种间的相互作用和调节能力,以维持生态系统的稳定和平衡。

多样性指数是以数学公式描述群落结构特征的一种方法,一般仅限于植物种类数量的考察。在调查了植物群落的种类及其数量之后,选定多样性公式,就可计算反映植物群落结构特征的多样性指数。

计算多样性的公式很多,形式各异,而实质是差不多的。大部分多样性指数中,组成群落的生物种类越多,其多样性的数值越大。

种的多样性有以下几个方面的生态学意义:①是刻画群落结构特征的一个指标;②用来比较两个群落的复杂性,作为环境质量评价和比较资源丰富程度的指标;③从演替阶段的多样性比较,可作为演替方向、速度及稳定程度的指标。

本实验采用 Shannon-Wiener 多样性指数和 Simpson 多样性指数进行练习。

Shannon-Wiener 多样性指数:$H=-\sum P_i \lg 2 P_i$,或 $H'=-\sum (P_i \ln P_i)$

Simpson 多样性指数:$D=1-\sum P_i^2 = 1-\sum (n_i/N)^2$

式中,P_i 为第 i 种的个体数 n_i 占群落中总个体数 N 的比例,$P_i = n_i/N$。

5.2.4 实验步骤

(1)每 6~8 个学生为一组,在已知的 2 个群落类型里,用样方法测定其种数及每个种准确的个体数。

(2)整理合并数据,并分别计算 Shannon-Wiener 和 Simpson 多样性指数。

(3)比较不同群落类型的种多样性指数,并予以生态学意义上的解释。

5.2.5 结果与讨论(作业)

(1)计算群落的多样性指数。

(2)指出多样性指数在群落分析中的作用,分析比较不同组之间的结果,分析影响群落多样性指数的因素。

5.2.6 群落物种多样性测定(实例1)

地点:大老岭盘龙岭;样地位置:N 31°03′604″,E 110°55′080″;海拔:1726m;样方面积:

25m×25m;坡度:55°;调查人员:043062班(表5-1～表5-3)。

表5-1 大老岭盘龙岭乔木层物种数量统计分析结果

物种	相对密度(%)	相对盖度(%)	相对频度(%)	重要值(%)	H
青稠	7.81	6.66	7.69	7.39	0.20
泡花树	1.56	0.48	1.28	1.11	0.07
稠李	6.25	0.07	8.97	7.45	0.17
五裂槭	3.12	2.19	3.85	3.06	0.11
黄脉花楸	3.90	1.90	5.13	3.65	0.13
四照花	7.81	6.84	11.54	8.73	0.20
三角槭	0.78	1.39	1.28	1.15	0.04
三桠乌药	0.78	0.12	1.28	0.73	0.04
金缕梅	2.34	0.52	3.85	2.24	0.09
灯台树	0.78	0.29	1.28	2.36	0.38
化香	0.78	0.12	1.28	0.73	0.04
紫茎	0.78	0.32	1.28	0.79	0.04
华中樱桃	0.78	0.50	1.28	0.85	0.04
中华蜡瓣花	2.34	0.88	2.56	1.93	0.09
米心水青冈	21.09	27.02	17.95	22.00	0.33
亮叶水青冈	28.91	34.58	20.51	28.00	0.36

表5-2 灌木层物种数量统计分析结果

物种	相对密度(%)	相对盖度(%)	相对频度(%)	重要值(%)
枸骨	3.84	11.11	18.2	14.38
荚蒾	20.75	16.67	18.2	18.54
三颗针	26.42	22.22	13.64	20.76
胡颓子	0.63	2.78	4.55	2.65
青荚叶	7.55	6.94	4.55	6.35
六月雪	10.06	9.72	9.09	9.61
阔叶十大功劳	0.63	2.78	4.55	2.65
四川杜鹃	1.26	4.17	4.55	3.33
拔葜	0.63	2.78	4.55	2.65
尖叶山茶	2.34	0.36	2.56	1.76
枪木	3.12	1.58	2.56	2.42

表 5-3 草本层物种数量统计分析结果

物种	多度	高度(cm)	盖度
苔草	Soc	10 左右	多数
白芨	Cop^1	20 左右	多数
七叶一枝花	Un	80~90	1 株
毛茛科 sp1	Sp	40 左右	若干

5.3 植物种-面积曲线编绘

5.3.1 样方调查——最小面积法

样方调查是野外生态学最常用的研究手段。首先要确定样方面积,样方面积一般应不小于群落的最小面积。

最小面积是指基本上能够表示出某群落类型植物种类的最小面积。通常用种-面积曲线来确定。

5.3.1.1 样方面积确定

在拟研究种群中选择植物生长比较均匀的地方,用绳子圈定一块小的样地。对于草本群落,最初的面积为 10cm×10cm;对于森林群落则至少为 5m×5m。登记这一面积中所有植物的种类。然后,按照一定的顺序成倍扩大,逐次登记新增加的植物种类。刚开始,植物的种数随着样方面积的增大而迅速增加,尔后随面积增加的种类数目降低,甚至面积扩大时植物种类很少增加或不再增加。通常把曲线陡度开始变缓处所对应的面积称为最小面积。

5.3.1.2 样方面积扩大方式

法国的生态学工作者提出巢式样方法(图 5-1)。即在研究草本植被类型的植物种类特征时,所用样方面积最初为 $1/64m^2$,之后依次为 $1/32m^2$、$1/16m^2$、$1/8m^2$、$1/4m^2$、$1/2m^2$、$1m^2$、$2m^2$、$4m^2$、$8m^2$、$16m^2$、$32m^2$、$64m^2$、$128m^2$、$256m^2$、$512m^2$,依次记录相应面积中物种的数量。把含样地面积总种数 84% 的面积作为群落最小面积。

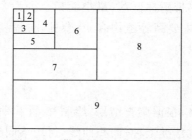

图 5-1 巢式样方法布置示意图

针对不同的群落类型,巢式样方起始面积和面积扩大的级数有所不同,但可参考表 5-4 的形式进行设计。

表 5-4 巢式样方记录表

顺序	面积(m²)	增加的种类
	1/64	
	1/32	
	1/16	
	1/8	
	1/4	
	1/2	
	1	
	2	
	4	
	8	
	16	
	32	
	64	
	128	
	256	
	512	
…		

将表 5-4 中获得的结果,在坐标纸上以面积为横坐标,种类数目为纵坐标作图,即获得群落的最小面积。

5.3.1.3 群落类型与最小面积

一般环境条件越优越,群落的结构越复杂,组成群落的植物种类就越多,相应地最小面积就越大。例如,我国西双版纳热带雨林群落,最小面积至少为 2500m²;东北小兴安岭红松林群落,最小面积约 400m²,包含的主要高等植物有 40 余种;在荒漠草原,最小面积只有 1m²,包含的主要高等植物可能在 10 种以内。

5.3.2 作业与讨论

(1)整理野外调查原始表格;根据调查结果,绘制种-面积曲线。

(2)列出你所调查的不同群落类型种-面积曲线,讨论不同植物群落类型、物种多样性与最小面积的关系。

5.3.3 大老岭陷马池乔木巢式样方调查及种-面积曲线绘制(实例1)

样地位置：陷马池；样地面积：40m×40m；调查日期：2008年7月23日(表5-5)调查人：043062班。

表5-5 大老岭森林公园陷马池乔木巢式样方物种数量统计

样方面积(m^2)	种类	物种总数
25	锥栗、翅卫矛、华中樱桃、灯台树、扇叶槭、合轴荚蒾	6
50	四照花	7
100	三桠乌药、米心水青冈、木姜子、白檀、卫矛	12
200		12
400	绢毛稠李、香桦、锐齿槲栎、盐肤木、青榨槭、金缕梅、垂丝卫矛、猫儿刺、亮叶水青冈	21
800	五裂槭	22
1600	鹅耳枥、茅栗、球花荚蒾、华山松	26

进行巢式样方调查可以确定植物群落的最小面积，需按照巢式样方的顺序依次统计样方内的植株种类，巢式样方如图5-1所示，并以此继续扩展下去，直至面积扩大而植物种类很少增加或不再增加。最小面积是指基本上能够表示出某群落类型植物种类的最小面积，通常用种-面积曲线来确定。根据法国生态学工作者提出的巢式样方法计算陷马池锥栗林群落物种数 $25 \times 85\% = 20$，对应曲线的拐点即85%的物种数，也是最小面积，得出陷马池锥栗林最小面积应为$400m^2$左右(图5-2)。

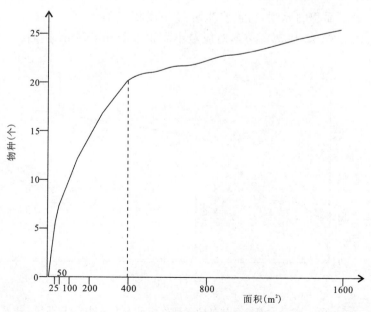

图5-2 陷马池锥栗林种-面积曲线图

5.3.4 大老岭森林公园管理处次生林巢式样方调查及种-面积曲线绘制（实例2）

大老岭森林公园管理中心周围有一块乔木林已被采伐，为灌木层较为发育的次生林，从 1m×1m 的样方开始，统计其样方内的小乔木、灌木或木质藤本，在其后依次统计的样方里只统计其新出现物种，具体统计结果见表 5-6。

表 5-6 大老岭森林公园管理处次生林巢式样方物种统计

样方号	面积(m²)	种类	物种总数
1	1×1	山楂、短柄枹栎、荚蒾	3
2	1×2	胡枝子	5
3	2×2	化香、杜鹃花科 sp1	7
4	2×4	短柄枹栎、枹木、茅栗	10
5	4×4	鹅耳枥	11
6	4×8	蔷薇科 sp1、猕猴桃、石灰花楸	14
7	8×8	桦木	15
8	8×16	算盘子、盐肤木、葛藤、山合欢、檍木、杉木、菝葜、四照花、悬钩子、野鸦椿、杜鹃花科 sp2、柿树科 sp1、葡萄科 sp1、葡萄科 sp2	29
9	16×16	水马桑、绣线菊、壳斗科 sp1、槭树科 sp1	33
10	16×32	湖北海棠、君迁子	35

（注：sp 未定种）

由统计结果绘制种-面积曲线，如图 5-3 根据曲线陡度开始变缓处（拐点，85%的物种数）所对应的面积为最小面积的原则，得出次生林最小面积应为 120m² 左右，根据法国生态学工作者的巢式样方法计算 35×85%≈30，对应最小面积位于 8m×16m 左右。

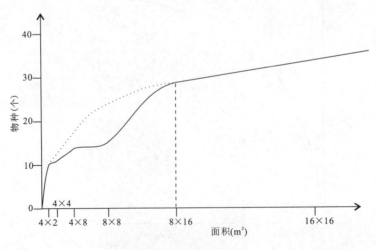

图 5-3 大老岭森林公园管理处附近次生林种-面积曲线

5.3.5 大老岭森林公园管理处草本巢式样调查及种-面积曲线绘制(实例 3)

表 5-7 大老岭森林公园管理处草本巢式样方物种统计

样方号	面积(m²)	种类	物种总数
1	0.2×0.2	木贼、禾本科 sp1、蕨类 sp1、东方草莓、菊科 sp1、莎草科 sp1、伞形花科 sp1	7
2	0.4×0.4	莎草科 sp2、蕨类 sp2、龙牙草	10
3	0.8×0.8	菊科 sp2、菊科 sp3、大车前、鱼腥草、苋草、糯米团、报春花科 sp1、三白草科 sp1	18
4	1.6×1.6	金丝桃科 sp1、伞形花科 sp2、蛇莓、蓼科 sp1、蝶形花科 sp1、一年蓬、菊科 sp4、金星蕨、白芨、柔叶苋草、蓼科 sp2、伞形花科 sp2、扬子毛茛	31
5	3.2×3.2	蓼科 sp3、菊科 sp5、荆三棱、灯心草科、西南大戟、薯蓣科 sp1、伞形花科 sp3	38
6	3.2×6.4	多头风毛菊、风轮菜、荨麻科 sp1、莎草、鸭跖草科 sp1、蓼科 sp4、凤仙花科 sp1	45
7	6.4×6.4	蔷薇科 sp1~3、繁缕、绣线菊、一把伞南星、荨麻科 sp1~2、忍冬、五加科 sp1、景天科 sp1、禾本科 sp2、山莓、鼠曲草	59
8	6.4×12.8	棒头草、杠板归、禾本科 sp3、毛茛科 1	63

(注:sp 未定种)

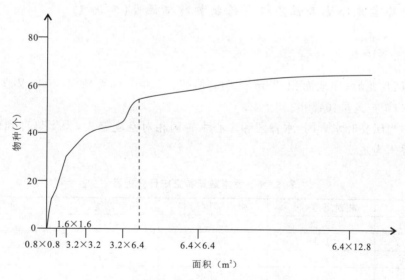

图 5-4 大老岭森林公园管理处附近草地种-面积曲线

5.3.6 作业

整理野外调查原始表格;根据调查结果,绘制种-面积曲线。

5.4 植物群落样方调查及命名

本次实习对植物组成分析及群丛命名研究采用样方法,样方即方形样地,是面积取样中最常用的形式,也是植被调查中使用最普遍的一种取样技术(图5-5)。

1	2	3	4	5
6	7	8	9	10
11	12	13	14	15
16	17	18	19	20
21	22	23	24	25

图5-5 野外样方布置示意(以25m×25m为例)

选择发育比较好的森林植物群落进行样方调查,根据植物群落数量特征调查结果,综合评价各种植物的重要性,确定优势种,并对群落进行命名。

要求填写野外记载表(6个);根据野外记录,整理、计算,对群落进行命名(到群丛一级)。

5.4.1 大老岭盘龙岭地带性顶极群落数量特征调查(实例1)

5.4.1.1 野外调查结果

样地位置:盘龙岭;样地面积:25m×25m;海拔:1730m;调查日期:2008年7月19日(表5-8~表5-10)调查人员:043062班。

乔木层中当属亮叶水青冈、水青冈和米心水青冈相对密度最大,为优势种和建群种,树冠层以这3种乔木为主。

表5-8 乔木数量特征统计分析表

物种名称	相对密度(%)	相对频度(%)	相对盖度(%)	重要值(%)
亮叶水青冈	35.29	27.50	41.25	34.68
水青冈	21.18	17.50	16.00	22.23
米心水青冈	14.12	15.00	15.82	14.98
白檀	9.41	7.50	11.13	9.35
紫玉兰	5.88	7.50	0.08	4.49
五裂槭	5.35	5.00	2.97	3.83
黄杨	2.35	2.50	6.30	3.72
金钱槭	2.35	5.00	3.14	3.50
槲栎	2.35	5.00	1.48	2.94
珙桐	1.18	2.50	1.65	1.38
金缕梅	1.18	2.50	0.08	1.25

表 5-9 灌木数量特征统计分析表

物种名称	相对密度(%)	相对频度(%)	相对盖度(%)	重要值(%)
大枝绣球	50.00	25.00	20.40	31.80
云锦杜鹃	16.67	12.50	29.08	19.42
棣棠	20.00	25.00	9.25	18.08
雀舌黄杨	6.67	12.50	23.12	14.10
宜昌木姜子	3.33	12.50	14.51	10.11
湖北小檗	3.33	12.50	3.64	6.49
荚蒾	1.18	2.50	0.19	1.29

表 5-10 草本数量特征统计分析表

物种名称	高度(cm)	多度	盖度	生活强度
冷水花	10~20	Soc	1.00	强
蕨类 sp1	30~50	Cop^1	0.25	较强
水芹	50~70	Cop^2	0.07	一般
蕨类 sp2	30~50	Cop^3	0.50	较强
苔草	<10	Soc	0.02	弱
酢浆草	<5	Soc	0.01	弱
鳞毛蕨	30~50	Soc	0.25	较强

据调查结果可以确定所调查的群落为常绿、落叶阔叶混交林。其中,乔木层优势种为亮叶水青冈,灌木层优势种为绣球,草本层以冷水花、鳞毛蕨为优势种,由于土壤湿润,腐殖质层深厚,蕨类发育良好。

群落的垂直结构分层较明显:乔木层、灌木层、草本层;林冠层与下木层分层不明显,草本层和地被层分层也不明显。

5.4.1.2 物种多样性特征与命名

依据 Shannon - Wiener 多样性指数计算得到:$H_{灌木}=1.37, H_{乔木}=1.90$。

一般来说,一个发育时间长的群落将比一个年轻的群落具有更大的多样性,但由于顶极群落物种构成、结构基本不再变化,所以它的多样性会稍低于有些演替中的多样性指数。

比较多样性的大小,在一定程度上可以了解群落状态,但要求是某一特定区域内的相似群落或生境。

根据重要值及多度比较可知该群落名称为亮叶水青冈-大枝绣球-冷水花群丛。

5.4.2 邓村乡亚热带山地次生林群落数量特征调查与命名(实例2)

邓村乡属宜昌市夷陵区西北山区,地处长江西陵峡北岸。海拔182.4~2005m,年降水量1144~1831mm,日照时数1669h,年均太阳总辐射能99.1kcal/m²,年平均气温14℃(极端最高气温38.8℃,最低气温−8℃),年有效积温3821℃,全年无霜期223天;土壤为山地黄棕壤和黄壤,土壤深厚、疏松、呈微酸性,pH值5.5~6.5;森林覆盖率70%,土壤、大气及水质检测达到AA级标准。独特的三峡地貌气候效应与生态环境奠定了"邓村绿茶"坚实的产业基础。

5.4.2.1 一号样地

样地位置:邓村;样地坐标:N 30°57′22″,E 110°59′36″;坡向:西偏南20°;坡度:53°。样地面积:25m×25m;海拔:1181m;调查日期:2015年7月17日。

乔木层物种较丰富,密度大,共统计乔木13种(表5-11)。优势种为落叶乔木四照花,青榨槭也分布较多。四照花胸径较小,细而高,树干生叶稀少,顶端叶茂密。经计算,乔木层Shannon-Wiener多样性指数$H=1.76$。

表5-11 邓村一号样地乔木数量特征统计分析表

物种名称	相对密度(%)	相对频度(%)	相对盖度(%)	重要值(%)
四照花	43.31	30.86	60.20	44.79
青榨槭	20.47	23.46	17.28	20.40
杉木	14.17	14.81	5.83	11.61
榕树	6.30	9.88	3.19	6.45
华中樱桃	3.15	3.70	3.31	3.39
石栎	3.15	4.94	1.24	3.11
合欢	1.57	1.23	3.53	2.11
短柄枹栎	2.36	2.47	1.16	2.00
白栎	1.57	2.47	1.58	1.88
尖叶榕	1.57	2.47	0.48	1.51
青冈栎	0.79	1.23	1.22	1.08
华中山柳	0.79	1.23	0.81	0.94
亮叶桦	0.79	1.23	0.17	0.73

灌木较少,共统计6种,优势种为美丽胡枝子,重要值65.49%,占绝对优势,其他灌木重要值不足10%(表5-12)。美丽胡枝子主要分布于乔木的林荫下,矮小径细,覆盖度不高。经计算,灌木层Shannon-Wiener多样性指数$H=1.19$。

表 5-12 邓村一号样地灌木数量特征统计分析表

物种名称	相对密度(%)	相对频度(%)	相对盖度(%)	重要值(%)
美丽胡枝子	73.08	44.44	78.95	65.49
白檀	9.62	11.11	6.58	9.10
化香	9.62	11.11	3.29	8.01
华中山柳	3.85	11.11	6.58	7.18
茶	1.92	11.11	3.29	5.44
杜鹃	1.92	11.11	1.32	4.78

草本植物种类偏少,共统计草本植物5种(表5-13)。以荩草和苔草为主,白茅和狗牙根也略有分布,整体覆盖率不高。

表 5-13 邓村一号样地草本数量特征统计分析表

物种名称	高度(cm)	多度	盖度(%)	生活强度
荩草	30~45	Cop^2	35	较弱
苔草	25~40	Cop^2	25	强
白茅	40~45	Sol	15	一般
单芽狗脊蕨	15	Un	5	较强
狗牙根	15	Sol	10	一般

调查结果显示,该样地水热条件较好,森林覆盖率高,次生演替发展时间短,群落垂直结构明显,乔木层、灌木层、草本层的优势种分别为四照花、美丽胡枝子、荩草,可将群落命名为四照花-美丽胡枝子-荩草群丛。

5.4.2.2 二号样地

样地位置:邓村;样地面积:25m×25m;海拔:1144m;样地坐标:N 30°57′23″,E 110°58′11″;坡向:北偏西23°;坡度:35°;调查日期:2015年7月17日。

乔木层密度大,但树种单一,共统计6种(表5-14)。其中短柄枹栎占绝对优势,生长高大茂盛,夹杂少量的杉木、青榨槭,多样性较差,经计算,Shannon-Wiener多样性指数 $H=1.30$。

表 5-14 邓村二号样地乔木数量特征统计分析表

物种名称	相对密度(%)	相对频度(%)	相对盖度(%)	重要值(%)
短柄枹栎	53.57	40.32	69.36	54.42
杉木	28.06	19.35	2.89	16.77
青榨槭	10.79	22.58	5.97	13.17
四照花	3.6	8.06	19.44	10.37
华中樱桃	3.6	9.68	2.29	5.39
尖叶榕	0.38	0.12	0.05	0.18

灌木层较丰富，华中山柳、杜鹃、美丽胡枝子及木姜子等分布较多，还有少量的鹅掌柴和菝葜，优势种为华中山柳(表5-15)。灌木层的 Shannon-Wiener 多样性指数 $H=1.51$。

表5-15 邓村二号样地灌木数量特征统计分析表

物种名称	相对密度(%)	相对频度(%)	相对盖度(%)	重要值(%)
华中山柳	40.46	27.17	20.83	29.49
杜鹃	18.41	14.29	50.08	27.59
美丽胡枝子	21.82	27.06	15.67	21.52
木姜子	13.90	28.57	9.38	17.28
鹅掌柴	3.63	1.82	2.69	2.71
菝葜	1.77	1.09	1.34	1.40

草本层较丰富，苔草和蕨菜分布较多，小蓬草、珍珠菜、五节芒分布较少，整体覆盖率不高(表5-16)。

表5-16 邓村二号样地草本数量特征统计分析表

物种名称	高度(cm)	多度	盖度(%)	生活强度
苔草	20~30	Cop^2	30	强
蕨菜	15~25	Cop^2	15	一般
小蓬草	40~45	Un	5	一般
珍珠菜	40	Sol	10	较弱
五节芒	30	Un	5	弱

该群落是遭到不同程度破坏后的次生林，受人工选择的影响大，故树种较为单一，为典型的次生阔叶林，垂直结构明显，乔木层植物种类较少，多样性低，但生长茂密，灌木层和草本层物种较丰富，但覆盖率不高，整体上层密度大，下层较空旷。根据重要值计算可将群落命名为短柄枹栎-华中山柳-苔草群丛。

5.4.2.3 三号样地

样地位置：邓村；样地面积：25m×25m；海拔：1152m；样地坐标：N 30°57′22″，E 110°59′36″；坡向：北；坡度：30°；调查日期：2015年7月17日。

乔木层密度较大，生长茂盛，分布最多的是青榨槭和杉木，其次是短柄枹栎和木姜子(表5-17)。乔木层的 Shannon-Wiener 多样性指数 $H=1.83$。

灌木层物种丰富，其中杜鹃和华中山柳分布较多，琴叶榕、绣线菊等略有分布，优势种为杜鹃(表5-18)。灌木层的 Shannon-Wiener 多样性指数 $H=1.65$，为四块样地中最高的灌木多样性指数。

表 5-17 邓村三号样地乔木数量特征统计分析表

物种名称	相对多度(%)	相对频度(%)	相对优势度(%)	重要值(%)
青榨槭	24.50	17.50	36.83	26.28
杉木	27.50	26.25	23.48	25.74
短柄枹栎	17.50	17.50	10.78	15.26
木姜子	13.50	15.00	11.68	13.39
四照花	7.00	8.75	14.21	9.99
细叶榕	5.00	6.25	1.05	4.10
野鸦椿	2.50	3.75	0.14	2.13
马尾松	1.50	2.50	1.78	1.93
化香	1.00	2.50	0.05	1.18

表 5-18 邓村三号样地灌木数量特征统计分析表

物种名称	相对多度(%)	相对频度(%)	相对盖度(%)	重要值(%)
杜鹃	49.61	22.73	45.11	39.15
华中山柳	24.81	22.73	21.05	22.86
琴叶榕	9.30	18.18	12.78	13.42
绣线菊	6.20	9.09	9.02	8.11
山橿	4.65	13.64	4.51	7.60
茶	3.10	9.09	3.76	5.32
山胡椒	2.33	4.55	3.76	3.54

草本层物种丰富,但覆盖度不高,盖度最大的是珍珠菜,占 20%,其次是苋草、白茅、五节芒和凤尾蕨分布较少,罕见蛇莓、贯众和过路黄(表 5-19)。

表 5-19 邓村三号样地草本数量特征统计分析表

物种名称	高度(cm)	多度	盖度(%)	生活强度
珍珠菜	20~30	Cop^1	20	较强
苋草	5~10	Cop^2	10	较弱
白茅	50~70	Sp	5	较强
五节芒	40~60	Sp	3	较强
凤尾蕨	20~30	Cop^3	5	一般
蛇莓	40	Un	1	强
贯众	10	Sol	2	一般
过路黄	5	Sol	2	一般

邓村三号样地为典型的针阔混交林。群落垂直结构明显,各层的优势种分别为青榨槭、杜鹃和珍珠菜,群落命名为青榨槭-杜鹃-珍珠菜群丛。

5.4.2.4 四号样地

样地位置:邓村;样地面积:25m×25m;海拔:1199m;样地坐标:N 30°57′22″,E 110°58′10″;坡向:东南坡;坡度:35°;调查日期:2015 年 7 月 17 日。

乔木层物种多样性高,共统计 17 种,分布较多的是四照花、尖叶四照花、枹栎和短柄枹栎(表 5-20),Shannon-Wiener 多样性指数 $H=2.31$。

表 5-20 邓村四号样地乔木数量特征统计分析表

物种名称	相对多度(%)	相对频度(%)	相对优势度(%)	重要值(%)
四照花	30.73	23.38	13.07	22.39
短柄枹栎	20.98	18.18	17.51	18.89
枹栎	9.27	9.09	25.36	14.57
尖叶四照花	13.17	11.69	3.50	9.45
马尾松	13.17	7.79	0.82	7.26
木姜子	0.98	2.60	16.05	6.54
枫香	1.46	3.90	6.62	3.99
杉木	2.44	5.19	4.13	3.92
青榨槭	0.49	1.30	5.38	2.39
化香	0.98	2.60	2.96	2.18
鹅耳枥	1.95	3.90	0.33	2.06
樟树	0.49	1.30	3.11	1.63
亮叶桦	1.46	2.60	0.14	1.40
白栎	0.98	2.60	0.04	1.20
细叶榕	0.49	1.30	0.62	0.80
华中樱桃	0.49	1.30	0.18	0.66
野鸦椿	0.49	1.30	0.17	0.65

灌木层物种丰富,与上述样地相似,灌木层以华中山柳和杜鹃居多,其余分布相对较少(表 5-21),Shannon-Wiener 多样性指数 $H=1.60$。

草本层共统计 8 种草本植物,整体覆盖度不高,凤尾蕨、石竹、麦冬、独行菜分布较多,五节芒、风轮菜分布较少,罕见过路黄和繁缕(表 5-22)。

表 5-21　邓村四号样地灌木数量特征统计分析表

物种名称	相对多度(%)	相对频度(%)	相对盖度(%)	重要值(%)
华中山柳	45.54	25.00	43.71	38.09
杜鹃	26.73	31.25	32.93	30.31
菝葜	6.93	12.50	5.39	8.27
卫矛	2.97	12.50	5.99	7.15
柃木	6.93	6.25	3.59	5.59
茶	6.93	6.25	3.59	5.59
山楂	3.96	6.25	4.79	5.00

表 5-22　邓村四号样地草本数量特征统计分析表

物种名称	高度(cm)	多度	盖度(%)	生活强度
五节芒	40~50	Sol	5	一般
凤尾蕨	15~40	Cop^2	20	强
石竹	5~10	Cop^1	20	较强
风轮菜	30~35	Un	3	较弱
麦冬	30~50	Sp	10	一般
过路黄	40	Un	1	强
独行菜	5	Cop^1	10	较强
繁缕	20	Un	2	一般

邓村四号样地人为干扰较少，物种丰富度最高，森林茂密，是一片典型的次生落叶阔叶林，乔木层、灌木层、草本层的优势种分别为四照花、华中山柳和凤尾蕨，群落命名为四照花-华中山柳-凤尾蕨群丛。

以上邓村4个样方共调查乔木24种，多样性指数介于1.30~2.31，主要为四照花、青榨槭、杉木和短柄枹栎。此外，灌木15种，数量最多的是华中山柳和杜鹃树，多样性指数介于1.19~1.65，草本植物19种。由于强烈的人为干扰和环境差异，植物群落的物种丰富度和多样性指数波动起伏比较大，物种丰富度总体趋势表现为：乔木层＞草本层＞灌木层；多样性指数偏低，整体表现为上层乔木生长茂密，林冠郁闭度较高，下层较空旷。整体而言，邓村山地植被受人为干扰严重，植物多样性低，应加强保护。

5.4.3　张家冲亚热带山地针阔混交林群落数量特征调查与命名（实例3）

张家冲位于湖北省秭归县茅坪镇，属亚热带季风气候，植被以亚热带常绿、落叶阔叶林和针阔混交林为主，林业资源有低山河谷的柑桔、亚高山茶叶和木材。年降水量1200mm，土壤以花岗岩母质风化而成的石英砂土为主，属典型的花岗岩区，风化层厚达十多米，疏松、破碎严重。由于人类影响和植被破坏，水土流失严重。

5.4.3.1 一号样地

样地位置:张家冲;样地面积:25m×25m;海拔:207m;样地坐标:N 30°47′9″,E 110°57′58″;坡向:北偏东43°;坡度:42.5°;调查日期:2015年7月19日。

乔木层物种较丰富,共记录14种,其中马尾松的重要值最大,为该群落的优势种和建群种,槲栎、榆、樟树也分布较多,为亚优势种(表5-23)。经计算,乔木层 Shannon - Wiener 多样性指数 $H=2.20$。

表5-23 张家冲一号样地乔木数量特征统计分析表

物种名称	相对密度(%)	相对频度(%)	相对盖度(%)	重要值(%)
马尾松	14.05	13.21	54.27	27.18
槲栎	19.46	15.09	13.51	16.02
樟树	15.68	13.21	6.82	11.90
榆	12.97	14.15	7.29	11.47
棕榈	9.73	8.49	2.55	6.92
枫香	5.41	9.43	3.71	6.18
锥栗	4.86	5.66	3.87	4.80
枹栎	4.32	5.66	3.77	4.58
漆树	5.95	4.72	0.47	3.71
合欢	3.78	3.77	1.03	2.86
杉木	2.16	3.77	1.45	2.46
槐树	0.54	0.94	0.94	0.81
白栎	0.54	0.94	0.25	0.58
黄檀	0.54	0.94	0.06	0.52

该群落的灌木层丰富度较低,植株高度偏矮,可能是因为上层林冠层郁闭度高,灌木层可利用光照条件有限。重要值最大的为美丽胡枝子,是灌木层中的优势种(表5-24)。经计算,灌木层 Shannon - Wiener 多样性指数 $H=1.73$。

表5-24 张家冲一号样地灌木数量特征统计分析表

物种名称	相对密度(%)	相对频度(%)	相对盖度(%)	重要值(%)
美丽胡枝子	34.88	20.00	19.87	24.92
山胡椒	9.30	13.33	28.48	17.04
瓜木	23.26	13.33	13.25	16.61
盐肤木	16.28	13.33	13.25	14.29
牡荆	9.30	20.00	9.93	13.08
山莓	4.65	13.33	13.25	10.41

草本层多样性丰富,共记录6种,腹水草的多度最高,盖度高达80%,且生活能力强,是草本层优势种(表5-25)。

表5-25 张家冲一号样地草本数量特征统计分析表

物种名称	高度(cm)	多度	盖度(%)	生活强度
腹水草	20~35	Cop^3	80	强
苔草	15~25	Cop^1	15	强
海金沙	20~35	Un	1	较弱
紫萁	15~30	Sp	5	一般
蜈蚣草	20~35	Sp	5	一般
乌蔹莓	20~40	Sol	3	弱

据以上调查结果,调查群落为典型的针阔叶混交林,乔木层、灌木层和草本层的优势种分别为马尾松、美丽胡枝子、腹水草,可将该群落命名为马尾松-美丽胡枝子-腹水草群丛。

5.4.3.2 二号样地

样地位置:张家冲;样地面积:25m×25m;海拔:279m;样地坐标:N 30°47′18″,E 110°58′05″;坡向:北偏东33°;坡度:25°;调查日期:2015年7月19日。

二号样地共记录乔木15种,以壳斗科落叶阔叶树种占绝对优势,椆栎的相对盖度最大,青冈栎数量较多,其次是樟树,其他立木相对较少,其中夹杂马尾松、华山松和杉木等(表5-26)。经计算,乔木层Shannon-Wiener多样性指数$H=1.95$。

表5-26 张家冲二号样地乔木数量特征统计分析表

物种名称	相对密度(%)	相对频度(%)	相对盖度(%)	重要值(%)
椆栎	25.66	23.60	49.93	33.06
青冈栎	36.18	22.47	23.36	27.34
樟树	13.81	16.86	6.72	12.46
短柄枹栎	3.95	6.74	2.75	4.48
马尾松	2.63	4.49	5.43	4.19
四照花	3.95	6.74	1.21	3.97
华山松	1.97	2.25	6.22	3.48
杉木	3.29	3.37	2.90	3.19
喜树	1.97	3.37	0.73	2.02
漆树	1.97	3.37	0.15	1.83
枇杷	1.97	2.25	0.17	1.46
枹栎	0.66	1.12	0.25	0.68
槐树	0.66	1.12	0.09	0.62
木樨	0.66	1.12	0.06	0.62
侧柏	0.66	1.12	0.04	0.61

灌木层物种较丰富，共记录 9 种。其中檵木、山茶和白檀的重要值相对较大，分别为 24.49%、22.55%和 22.48%（表 5-27）。茶树主要分布在低海拔、靠近道路的区域。经计算，灌木层 Shannon-Wiener 多样性指数 $H=1.86$。

表 5-27 张家冲二号样地灌木数量特征统计分析表

物种名称	相对密度(%)	相对频度(%)	相对盖度(%)	重要值(%)
檵木	12.05	19.35	42.07	24.49
茶树	37.35	25.81	4.48	22.55
白檀	10.84	12.90	43.69	22.48
绣线菊	24.10	9.68	0.57	11.45
牡荆	8.43	16.13	0.28	8.28
山莓	2.41	6.45	0.44	3.10
合轴荚蒾	1.20	3.23	4.20	2.88
水麻	1.20	3.23	4.20	2.88
枳	2.41	3.23	0.08	1.91

草本层共记录草本植物 6 种，大多是喜温暖湿润的植物，其中盖度最大的是多年生草本鸭儿芹，其次是凤尾蕨，其他植物分布相对较少（表 5-28）。

表 5-28 张家冲二号样地草本数量特征统计分析表

物种名称	高度(cm)	多度	盖度(%)	生活强度
鸭儿芹	25～35	Sp	25	一般
蕺菜	20～30	Sol	5	一般
麦冬	10～25	Sol	5	较弱
凤尾蕨	35～50	Sp	10	一般
贯众	30～45	Un	3	弱
红蓼	15～30	Un	1	弱

调查结果显示，调查群落物种丰富度较高，垂直结构分层明显，属于落叶-常绿阔叶林。乔木层、灌木层、草本层的优势种分别为槲栎、檵木和鸭儿芹，群落命名为槲栎-檵木-鸭儿芹群丛。

5.4.3.3 三号样地

样地位置：张家冲；样地面积：25m×25m；海拔：338m；样地坐标：N 30°47′28″，E 110°58′12″；坡向：西南坡；坡度：42°；调查日期：2015 年 7 月 19 日。

乔木层物种丰富，共记录乔木 17 种，其中青冈栎是该群落的优势种，重要值为 29.24%。

经计算,乔木层 Shannon-Wiener 多样性指数 $H=2.12$。

表 5-29 张家冲三号样地乔木数量特征统计分析表

物种名称	相对密度(%)	相对频度(%)	相对盖度(%)	重要值(%)
青冈栎	40.54	28.41	18.78	29.24
枫香	19.46	17.05	33.56	23.36
槲栎	7.57	6.82	14.85	9.75
樟树	7.57	12.50	3.02	7.70
白栎	4.32	2.27	13.30	6.63
马尾松	3.24	5.68	8.72	5.88
棕榈	5.95	9.09	1.07	5.37
枇杷	2.16	3.41	1.72	2.43
短柄枹栎	1.08	2.27	3.50	2.29
乌桕	2.16	3.41	0.48	2.02
漆树	2.16	3.41	0.37	1.98
毛竹	1.62	1.14	0.17	0.97
喜树	0.54	1.14	0.19	0.62
化香	0.54	1.14	0.13	0.60
黄檀	0.54	1.14	0.08	0.59
野桐	0.54	1.14	0.05	0.57

灌木层物种丰富度较高,共记录灌木 9 种,其中山莓是优势种,檵木、白檀、菝葜分布较多(表 5-30)。经计算,灌木层 Shannon-Wiener 多样性指数 $H=1.86$。

表 5-30 张家冲三号样地灌木数量特征统计分析表

物种名称	相对密度(%)	相对频度(%)	相对盖度(%)	重要值(%)
山莓	42.18	11.54	31.29	28.34
檵木	18.37	23.08	25.42	22.29
白檀	22.45	11.54	15.65	16.54
菝葜	6.80	15.38	11.73	11.31
山檀	4.76	15.38	9.13	9.76
绣线菊	3.40	11.54	3.91	6.28
悬钩子	0.68	3.85	1.30	1.94
牡荆	0.68	3.85	1.30	1.94
山胡椒	0.68	3.85	0.26	1.60

草本层共记录草本植物 8 种,盖度最大的为喜干热生境的五节芒,占 10%,主要分布在靠近小路边有阳光照射的地方,其他草本则分布于林下乔木周围潮湿的土壤处,如喜湿润植物——佩兰、凤尾蕨较多(表 5-31)。

表 5-31 张家冲三号样地草本数量特征统计分析表

物种名称	高度(cm)	多度	盖度(%)	生活强度
佩兰	30～80	Cop^1	5	强
五节芒	80～120	Cop^3	10	一般
凤尾蕨	25～40	Cop^1	3	一般
麦冬	30～50	Sp	3	强
海金沙	85	Un	1	强
楼梯草	45～60	Sp	1	弱
水龙骨	10～25	Sp	3	弱
四叶葎	25～45	Un	1	一般

该群落为常绿阔叶林,乔木层、灌木层、草本层的优势种分别为青冈栎、山莓和五节芒,群落命名为青冈栎-山莓-五节芒群丛。

5.4.3.4 四号样地

样地位置:张家冲;样地面积:25m×25m;海拔:219m;样地坐标:N 30°51′01″,E 110°57′55″;坡向:西南坡;坡度:22°;调查日期:2015 年 7 月 19 日。

调查统计 16 种乔木,其中樟树占绝对优势,重要值高达 55.03%,其他立木重要值不足 10%(表 5-32),故其乔木层 Shannon-Wiener 多样性指数 H 仅 1.83。

表 5-32 张家冲四号样地乔木数量特征统计分析表

物种名称	相对密度(%)	相对频度(%)	相对盖度(%)	重要值(%)
樟树	54.67	37.50	72.93	55.03
喜树	10.67	12.50	1.06	8.08
杉木	8.00	7.50	3.82	6.44
青冈栎	2.67	5.00	5.25	4.31
茅栗	2.67	5.00	2.68	3.45
野桐	4.00	5.00	0.70	3.23
马尾松	1.33	2.50	5.34	3.06
化香	2.67	5.00	1.08	2.91
黄檀	1.33	2.50	3.50	2.45
枹栎	4.00	2.50	0.54	2.35
乌桕	1.33	2.50	0.88	1.57

续表 5-32

物种名称	相对密度(%)	相对频度(%)	相对盖度(%)	重要值(%)
榆树	1.33	2.50	0.88	1.57
柑橘	1.33	2.50	0.59	1.48
木樨	1.33	2.50	0.39	1.41
白栎	1.33	2.50	0.33	1.39
构树	1.33	2.50	0.02	1.28

灌木层有 7 种植物,以油茶为主,重要值高达 37.20%,其次是野花椒、白檀、高粱泡,其余 3 种灌木重要值不到 7%(表 5-33)。经计算,灌木层 Shannon-Wiener 多样性指数 $H=1.69$。

表 5-33 张家冲四号样地灌木数量特征统计分析表

物种名称	相对密度(%)	相对频度(%)	相对盖度(%)	重要值(%)
油茶	50.34	18.52	42.73	37.20
野花椒	12.08	22.22	18.91	17.74
白檀	11.41	22.22	15.76	16.46
高粱泡	14.77	14.81	10.51	13.36
檵木	4.03	7.41	8.76	6.73
小构树	5.37	7.41	2.63	5.13
枳	2.01	7.41	0.70	3.37

草本层植物丰富度高,共记录 10 种草本植物,生长茂密,总覆盖率达 90%以上,以蕨类植物为主,小蓬草、荩草、蹄盖蕨分布较多,其次是苦荬菜、暗鳞鳞毛蕨(表 5-34)。

表 5-34 张家冲四号样地草本数量特征统计分析表

物种名称	高度(cm)	多度	盖度(%)	生活强度
荩草	10~20	Cop^2	80	较弱
蹄盖蕨	40~50	Cop^2	40	强
小蓬草	20~45	Cop^1	85	一般
凤仙花	120~130	Sol	5	较强
暗鳞鳞毛蕨	10~20	Cop^2	10	一般
紫萁	20~30	Sp	15	较强
苦荬菜	0~10	Cop^1	15	一般
节节草	15	Un	1	较弱
海金沙	0~10	Un	1	弱
蕺菜	0~10	Un	1	一般

该块样地是一片典型的人工樟树林,乔木层主要以樟树为主,灌木层以油茶为优势种,草本层物种较丰富,以小蓬草为优势种,该群落命名为樟树-油茶-小蓬草群丛。

以上张家冲4个样方共调查乔木30种,多样性指数介于1.83~2.20,灌木23种,多样性指数介于1.69~1.86,草本植物25种。群落物种丰富度指数和多样性指数总趋势基本一致,总体表现为:乔木层>灌木层>草本层。张家冲森林植物群落乔木层物种丰富,多样性指数较高,林冠郁闭度较大,主要优势种有栓栎、青冈栎、樟树、马尾松、枫香和杉木。灌木层主要优势植物有檵木、白檀、美丽胡枝子、山莓等。草本层生长良好,草本覆盖度接近90%以上。植被类型主要为针阔混交林、常绿-落叶阔叶林和常绿阔叶林。

5.4.4 结果与讨论

(1)填写野外调查表;根据野外记录,整理、计算,对群落进行命名(群丛一级)。
(2)群落的命名与群落的演替状态、优势种、建群种的生活型有什么关系?

5.5 太平溪镇消落带植物群落多样性分布格局调查

2010年3月三峡水库实际蓄水达到172.3m,同年10月三峡水库试验性蓄水达175m。按照三峡工程蓄水计划,水库采取"冬蓄夏泄"的调度模式。每年冬季蓄水至高水位,夏季水位降低,形成"冬高夏低"的周期性反季节水位变化。三峡库区消落带冬季蓄水发电水位为175m,夏季防洪水位降至145m,库区两岸将会出现两条平行的,且垂直落差达30m,与天然河流涨落季节相反的干湿交替区域,称之为消落带,其面积多达400km^2,分布于湖北省、重庆市所有库区区县。库区运营后,原削落区域的陆生生态环境迅速转变为冬水夏陆的交替环境。生存环境从本质上的改变对原本已适应单一稳定生境的消落带物种来说,必然是一个巨大的考验,与此同时也将会产生新的适应性更强的物种。当前消落带生态与环境影响表现在以下几个方面。

(1)生物多样性减少:资料统计显示,三峡水库175m蓄水直接淹没植物达到120科358属550种,消落区范围内的哺乳动物8目20科76种大多因难以在新的条件下生存而迁徙。如此一来,消落带的生物多样性将大为降低,生态系统的复杂程度和抗干扰能力也将明显下降。

(2)环境污染:水体富营养化和水体重金属、固体废物污染。

(3)自然景观破坏:频繁涨落的水位必然导致消落带植物短期内难以适应,很多地方的植物干枯死亡,留下光秃秃的坡面,有的甚至没有土壤,暴露出基岩。为满足防洪需要,消落带大部被加以硬质护坡处理,形成了单一的、色调灰暗的沿岸景观。而每年夏季低水位期间,消落带处于出露阶段,恰恰此时正是三峡库区旅游旺季,沿岸消落带植被的稀少和岩石的裸露以及堆积的垃圾废弃物等,致使三峡景观大打折扣。

(4)诱发疾病:夏秋季低水位时,各种污染物堆积在消落带上,在烈日的烘烤、暴晒下,蚊蝇滋生,臭气熏天,病原体、微生物大量繁殖;而冬季高水位时,水流速度慢,污染物又不易扩散,两种条件共同导致消落带成为病菌的温床,随时有可能诱发传染性疾病和瘟疫。

(5)地质灾害:三峡工程的蓄水,使得消落带土体大部被长期浸泡,原先稳定的岩石在水力侵蚀的条件下变得极不稳定,加之库区周边人类活动频繁,加大了诱发山体滑坡、泥石流等地质灾害的风险(滑坡的错落过程在重庆市万州区古滑坡前缘表现得特别明显)。

(6)人地矛盾突出:在耕地承载力方面,三峡库区的人地关系非常紧张,水体周边的植被破坏相当严重,在森林植被承载力亦不足,为了库区的社会、经济得到可持续发展,就必须发展非农产业,以弥补农业生产的不足。

5.5.1 三峡水库水文变化特征

三峡工程建成后,三峡水库在每年10月汛期末开始蓄水,在10月初水库水位由高程(吴淞)145m上升至175m;此后至次年5月,水位逐渐由高程175m降低至145m;在每年的6月至9月汛期内,水库水位一般保持高程145m运行。因此,三峡水库的夏季水位低而冬季水位高,与长江原有的水文节律完全相反。每年水位在高程145~175m之间的变化,在库区两岸形成了水位涨落高差达30m的水库消落区,其总面积达348.93km²。三峡水库运行后,自2006年已经历了几次季节性水位涨落,2006年蓄水至156m,历经两年;2008年蓄水至172m,2010年10月26日蓄水至175m,具体水位变化特征如图5-6所示。水库在低水位运行时,由于洪水影响,其水位存在一定波动。三峡水库消落区由于不同的蓄水年份、水淹强度,形成可明显区分的上、中、下三部分(刘维暐等,2012)。

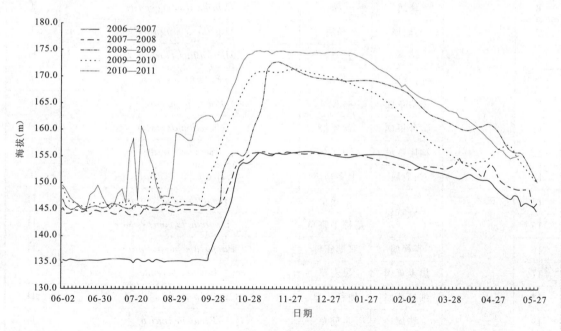

图 5-6 三峡水库消落区水位变化图

(据刘维暐等,2012)

5.5.2 植物种类组成

本次在太平溪镇花栗包村消落带调查发现维管植物53种,隶属14科42属(表5-32)。其中,禾本科植物种类最多,占本次调查总物种数的32.1%,是调查区的优势科;其次是菊科植物、莎草科植物，分别占总物种数的17.0%和11.3%；豆科、苋科、蓼科均占总物种数目的7.5%；其余各科物种数目所占比例均低于5%。

根据Raunkiaer生活型分类系统(Ranukiaer,1934)，太平溪镇消落带植物可分为3种生活型(表5-35)。其中一年生植物共有30种，比例高达56.6%，占绝对优势。地下芽植物和地面芽植物分别占统计植物种的24.5%和18.8%。调查区没有发现高位芽和地上芽植物，这是因为消落带在短期内水位涨落的大幅度变化特征，使得高位芽植物和地上芽植物在短时间内无法完成整个生命周期而难以存活，而生命周期相对较短的一年生植物得以存活。

表5-35　太平溪镇花栗包村消落带植物种类统计表

编号	科	属	中文名	拉丁文名	生活型
1	灯心草科	灯心草属	灯心草	*Juncus effusus*	Cr
2	豆科	田皂角属	合萌	*Aeschynomene indica*	T
3		苜蓿属	野苜蓿	*Medicago falcata*	H
4		鸡眼草属	鸡眼草	*Kummerowia striata*	T
5		草木犀属	草木犀	*Melilotus suaveolens*	H
6	禾本科	稗属	稗	*Echinochloa crusgalli*	T
7		马唐属	马唐	*Digitaria sanguinalis*	T
8		芒属	五节芒	*Miscanthus floridulus*	H
9		野黍属	野黍	*Eriochloa villosa*	T
10		棒头草属	棒头草	*Polypogon fugax*	T
11		狗牙根属	狗牙根	*Cynodon dactylon*	H
12		狗尾草属	狗尾草	*Setaria viridis*	T
13		马唐属	十字马唐	*Digitaria cruciata*	T
14		牛鞭草属	牛鞭草	*Hemarthria altissima*	H
15			扁穗牛鞭草	*Hemarthria compressa*	H
16		雀稗属	双穗雀稗	*Paspalum paspaloides*	H
17		黑麦草属	黑麦草	*Lolium perenne*	T
18		细柄草属	硬秆子草	*Capillipedium assimile*	H
19		䅟属	牛筋草	*Eleusine indica*	H
20		蜈蚣草属	蜈蚣草	*Eremochloa ciliaris*	Cr
21		野古草属	野古草	*Arundinella anomala*	Cr
22		稗属	光头稗	*Echinochloa colonum*	T
23	锦葵科	苘麻属	苘麻	*Abutilon theophrasti*	T

续表 5-35

编号	科	属	中文名	拉丁文名	生活型
24	菊科	苍耳属	苍耳	Xanthium sibiricum	T
25		鬼针属	鬼针草	Bidens pilosa	T
26		蒿属	野艾蒿	Artemisia lavandulifolia	T
27		白酒草属	小蓬草	Conyza canadensis	T
28		飞蓬属	飞蓬	Erigeron acer	T
29		蒿属	青蒿	Artemisia carvifolia	T
30			黄花蒿	Artemisia annua	H
31		鳢肠属	鳢肠	Eclipta prostrata	T
32		泽兰属	飞机草	Eupatorium odoratum	Cr
33	蓼科	蓼属	红蓼	Polygonum orientale	T
34			丛枝蓼	Polygonum posumbu	T
35			尼泊尔蓼	Polygonum nepalense	T
36			水蓼	Polygonum hydropiper	T
37	木贼科	木贼属	节节草	Equisetum ramosissimum	Cr
38			问荆	Equisetum arvense	Cr
39	茄科	茄属	龙葵	Solanum nigrum	T
40	桑科	葎草属	葎草	Humulus scandens	T
41	莎草科	莎草属	香附子	Cyperus rotundus	Cr
42			碎米莎草	Cyperus iria	T
43			异型莎草	Cyperus difformis	T
44		藨草属	藨草	Scirpus triqueter	Cr
45			萤蔺	Scirpus juncoides	Cr
46		飘拂草属	水虱草	Fimbristylis miliacea	T
47	商陆科	商陆属	商陆	Phytolacca acinosa	Cr
48	苋科	青葙属	青葙	Celosia argentea	T
49		莲子草属	喜旱莲子草	Alternanthera philoxeroides	H
50		苋属	苋	Amaranthus tricolor	T
51			刺苋	Amaranthus spinosus	T
52	玄参科	石龙尾属	石龙尾	Limnophila sessiliflora	Cr
53	旋花科	番薯属	蕹菜	Ipomoea aquatica	Cr

(注:T:一年生植物;Cr:地下芽植物;H:地面芽植物)

5.5.3 植物多样性分布分析

太平溪镇花栗包村消落带植物群落的 α 多样性指数沿海拔梯度的变化如图 5-7 所示。物种丰富度随着高程梯度的增加先上升后下降。在高程 160~165m 处物种丰富度最高,有 15 种;高程 150~155m 处物种丰富度最低,仅有 3 种。多样性指数和均匀度指数沿高程梯度的增加呈"∧"形变化趋势,峰值均出现在高程 160~165m 处,且在高程 150~155m 处植物群落的多样性指数和均匀度指数都最低。优势度指数沿高程梯度增加呈"V"形变化趋势,与多样性指数的变化刚好相对,且峰谷位置在高程 160~165m 处。α 多样性指数随海拔梯度的变化趋势表明消落带植物群落的物种丰富度、多样性及均匀度指数的变化规律为:消落带中部＞消落带上部＞消落带下部,在高程 160~165m 区域的植物多样性最为丰富,群落组成最为复杂。

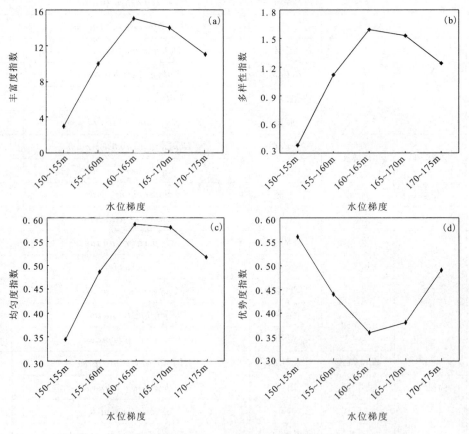

图 5-7 花栗包村消落带植物群落 α 多样性随水位梯度的变化趋势

5.5.4 植物群落类型

根据 2015 年 7 月太平溪镇花栗包消落带野外调查结果,可将调查区内植被划分为 7 个群丛(图 5-8)。

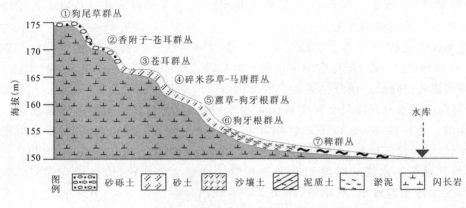

图 5-8　太平溪镇花栗包村消落带植物群落分布示意图

(1) 狗尾草群丛(Ass *Setaria viridis*)：主要分布于消落带上部的沙石地,总盖度为70%~80%。优势种为狗尾草。伴生种主要有五节芒、棒头草、小蓬草等,偶见野艾蒿、鬼针草、锦鸡儿。

(2) 香附子-苍耳群丛(Ass *Cyperus rotundus - Xanthium sibiricum*)：主要分布于消落带上部的沙壤土,总盖度为45%~75%。优势种为香附子、苍耳。伴生种主要有小蓬草、十字马唐、鬼针草等,偶见鸡眼草、苘麻、狗尾草、问荆。

(3) 苍耳群丛(Ass *Xanthium sibiricum*)：主要分布于消落带中部和上部,为沙石底质土,地势较平坦,排水性好的区域,呈环带状分布,总盖度为100%。优势种为苍耳,高度为70~120cm。伴生种主要有十字马唐、棒头草、野鸡冠花等,偶见鳢肠、节节草、香附子、飞蓬、稗。

(4) 碎米莎草-马唐群丛(Ass *Cyperus iria - Digitaria sanguinalis*)：主要分布于消落带中部坡度比较平缓的沙土和石缝间,总盖度为50%~60%。优势种为碎米莎草、马唐。伴生种主要有狗牙根、牛鞭草、水虱草等,偶见问荆、刺苋、野黍、黄花蒿、狗牙根。

(5) 藨草-狗牙根群丛(Ass *Scirpus triqueter - Cynodon dactylon*)：主要分布于消落带中部和下部,土壤为粗骨土和细沙土,总盖度为60%~80%。优势种为藨草、狗牙根。伴生种主要有丛枝蓼、水虱草、喜旱莲子草,偶见苍耳、稗、灯心草、牛筋草、青葙。

(6) 狗牙根群丛(Ass *Cynodon dactylon*)：主要分布于消落带下部的沙壤土、沙土以及石缝间,总盖度为70%~90%。优势种为狗牙根,伴生种较少,偶见稗、藨草、丛枝蓼。

(7) 稗群丛(Ass *Echinochloa crusgalli*)：主要分布于靠近江水的淤泥地和冲积沙土上,总盖度为80%~95%。优势种为稗,多为单优群落,伴生种较罕见。

5.5.5　结果与讨论

水位变化引起的淹水深度、淹水频率及持续时间对植物群落有显著的影响(Casanova 和 Brock,2000)。随着高程的增加,消落带植物群落变化明显,植被按水生—湿生—旱生过渡,各群落的优势种从稗、狗牙根等适应水生的植物过渡到狗尾草、苍耳等旱生植物,伴生种由喜湿耐淹植物丛枝蓼等过渡到旱性植物小蓬草,反映了环境梯度。基于资源竞争理论原理,Tilman 提出了植物资源比率理论,认为某物种在限制性资源比率为某值时在资源竞争中表现为强者,而当限制性资源比率发生改变时,组成植物群落的物种由于种的竞争力不同而随之变化

(刘维暐等,2012)。研究结果表明,随着海拔高程增加,在不同的水淹环境影响下,消落带的植物群落结构发生了明显的变化。

中度干扰假说认为中等程度的干扰水平能够维持相对较高的物种多样性。Wilcox 和 Meeker(1991)研究发现中等程度的水位变动时物种多样性最高,太大或太小的水位变动都会导致物种多样性的降低。研究结果与中度干扰假说理论基本相符。低于156m 的区域靠近江水,由于高强度的水淹环境只有稗等极少量耐水淹植物生存,其他植物难以定居导致约50%的次生裸地。在水位160m 以下的区域呈现出单优群落,主要为狗牙根、蘑草等耐水淹物种。在水位160～165m 的区域相比更低的水位高程受河流水淹压迫较小,而相比更高的水位高程,该区域受到水流的淹没和冲击使其微生境更加多样化,因此植物多样性最高。消落带上部受水淹压迫较小,狗尾草、棒头草等表现出较强的竞争力,其中狗尾草群落具有明显的优势。

5.6 月亮包金矿尾矿地植物群落与环境调查

月亮包金矿是秭归金山实业有限公司属下的小型金矿。矿区位于秭归县茅坪镇南西15km 的木坪乡月亮包村拐子沟附近。矿区面积约2.15km^2,为中低山区,最高海拔1060m,最低500m,山势起伏大,西高东低,沟谷发育。矿区内广泛分布闪长岩,发育花岗岩脉、辉绿岩脉等,闪长岩为浅灰—灰色,中粗粒结构,块状构造,主要矿物为斜长石、角闪石和石英,斜长石含量一般为50%～55%左右,角闪石含量为15%～20%,石英含量为5%～10%。金矿主要分布于成矿断裂带的石英脉中,含金石英脉分布在三斗坪—茅坪—拐子沟一带,成矿断裂带走向310°～345°,倾向北东,高倾角,延伸长度几十米至百余米不等。拐子沟区主要矿体有8条左右,石英脉沿断裂带呈扁豆状或透镜状断续产出,脉体厚0.1～0.4m 不等,薄者几厘米,最厚达1米多,含金品位高。经提炼后的尾矿浆液在排入尾矿库前必须进行处理,避免对环境带来危害。尾矿浆中除了含长石、石英、角闪石等矿物外,还含有害污染物 CN^- 和重金属离子 Cu^{2+} 等,CN^- 为剧毒物质。月亮包金矿矿石加工过程中产生的生态环境问题有待调查。

金矿矿石在加工过程中产生的有毒、有害污染物经雨水长期作用,对尾矿库池内的植被及周边水土环境造成了严重污染和破坏,因此有必要开展月亮包金矿尾矿地次生演替植被生态与环境调查。通过调查尾矿库植物多样性、库池内耐污染植物及其分布规律,探究植被分布与土壤盐碱度、重金属污染的关系,详细调查重金属污染的植物分布情况,揭示植物群落对环境的指示,为金矿尾矿区的生态重建提供依据。

5.6.1 植物种类组成

本次在月亮包金矿尾矿地及周边调查发现维管植物43种,隶属22科41属(表5-36)。月亮包受金矿尾矿污染后,以耐重金属污染的草本植物为主,间有少量灌木(胡枝子)、极少小乔木(亮叶桦)杂生。其中,菊科植物种类最多,有10种,占本次调查总物种数的45.5%;禾本科物种数量共7种,占总物种数的31.8%,仅次于菊科;蓼科、豆科和唇形科物种数量分别占总物种数的13.6%、13.6%、9.09%;其余17科每科仅1种植物。

表 5-36 月亮包金矿尾矿地及周边植物种类

编号	科	属	中文名	拉丁文名
1	车前科	车前属	平车前	*Plantago depressa*
2	唇形科	风轮菜属	风轮菜	*Clinopodium chinense*
3		鼠尾草属	荔枝草	*Salvia plebeia*
4	大戟科	铁苋菜属	铁苋菜	*Acalypha australis*
5		胡枝子属	胡枝子	*Lespedeza bicolor*
6	豆科	鸡眼草属	鸡眼草	*Kummerowia striata*
7		苜蓿属	苜蓿	*Medicago sativa*
8		白茅属	白茅	*Imperata cylindrica*
9		狗尾草属	狗尾草	*Setaria viridis*
10		狗牙根属	狗牙根	*Cynodon dactylon*
11	禾本科	荩草属	荩草	*Arthraxon hispidus*
12		马唐属	马唐	*Digitaria sanguinalis*
13		芒属	五节芒	*Miscanthus floridulus*
14		蜈蚣草属	蜈蚣草	*Eremochloa ciliaris*
15	桦木科	桦木属	亮叶桦	*Betula luminifera*
16	堇菜科	堇菜属	堇菜	*Viola verecunda*
17		白酒草属	小蓬草	*Conyza canadensis*
18		苍耳属	苍耳	*Xanthium sibiricum*
19		飞蓬属	一年蓬	*Erigeron annuus*
20		鬼针属	鬼针草	*Bidens pilosa*
21	菊科	蒿属	野艾蒿	*Artemisia lavandulifolia*
22		菊属	野菊	*Dendranthema indicum*
23		苦苣菜属	苦苣菜	*Sonchus oleraceus*
24		马兰属	马兰	*Kalimeris indica*
25		香青属	香青	*Anaphmlis sinica*
26		泽兰属	飞机草	*Eupatorium odoratum*
27		蓼属	杠板归	*Polygonum perfoliatum*
28	蓼科	酸模属	羊蹄	*Rumex japonicus*
29			酸模	*Rumex acetosa*
30	萝藦科	鹅绒藤属	牛皮消	*Cynanchum auriculatum*
31	马鞭草科	牡荆属	牡荆	*Vitex negundo. var. cannabifolia*
32	马钱科	醉鱼草属	醉鱼草	*Buddleja lindleyana*
33	毛茛科	毛茛属	毛茛	*Ranunculus japonicus*
34	木贼科	木贼属	节节草	*Equisetum ramosissimum*
35			问荆	*Equisetum arvense*
36	葡萄科	葡萄属	蘡薁	*Vitis bryoniifolia*
37	茜草科	鸡矢藤属	鸡矢藤	*Paederia scandens*
38	蔷薇科	蛇莓属	蛇莓	*Duchesnea indica*
39	桑科	榕属	地果	*Ficus tikoua*
40	莎草科	飘拂草属	水虱草	*Fimbristylis miliacea*
41	商陆科	商陆属	商陆	*Phytolacca acinosa*
42	香蒲科	香蒲属	水烛	*Typha angustifolia*
43	玄参科	通泉草属	通泉草	*Mazus japonicus*

5.6.2 优势植物分布调查

根据对一、二号尾矿地植物群落调查,发现尾矿库池内以耐重金属污染的草本植物为主,植物丰富度低,生物多样性简单,为单优势环境。其中五节芒和节节草分布范围广、密度大,是该地的优势种。植物生长较差,大部分植物叶片上出现锈斑,地表覆盖有高密度的苔藓和地衣,水体污染严重,这与当地金矿加工过程排污密切相关。高媛媛[①]等(2016)通过对比植物体内重金属的含量发现,Mg、Al、Fe 含量较高,Cr、Mn、Zn 和 Cu 次之。

由图 5-9 可以看出,在一号尾矿地从区段Ⅰ到区段Ⅴ,植物锈斑丰度逐渐减少,在区段Ⅲ和Ⅴ最低。苔藓地衣的覆盖率在 40% 以上,由北到南呈现先减少后增加的趋势,波动起伏较大,在区段Ⅳ最低。白茅的盖度整体呈先增多后减少的趋势,在区段Ⅳ达到最高,约 70%,在区段Ⅰ~Ⅱ则没有分布,可能是因为区段Ⅰ~Ⅱ土壤质地较粗、水分较少且受重金属污染严重的生活环境导致白茅难以生存。随着污染程度的增加,节节草也更加茂密,而五节芒却完全相反,数量呈明显下降趋势。另外调查发现,区段Ⅲ出现了其他区段都没有的植物:水虱草和狗牙根,说明该地段较湿润,水分影响了锈斑的出现。野外观察到一号尾矿地中部生物量少、多样性差、空地多,靠近围栏周边生物多样性丰富且盖度较大,可能是因为土壤干燥粗糙且含硫过多,从图 5-9 中可以看到一号尾矿地中部有一大片不毛之地(黄色酸性土),另外中部有一条道路穿行,受人类活动影响较大。

相比一号尾矿地,二号尾矿地的植物丰富度更高。从区段Ⅰ到区段Ⅴ,地势逐渐降低,土壤水分由少变多,苔藓地衣缓慢增多,在区段Ⅰ盖度最低也达到了 60%,这说明二号尾矿地整体湿度较大。锈斑丰度则呈现先减后增的趋势,在区段Ⅲ最低,可能是由于Ⅲ号样地极高的盐碱度影响了锈斑的生长。蜈蚣草的分布呈"M"形增长趋势,节节草则整体呈"N"形增长,五节芒则完全相反,由北向南其盖度逐渐减少。二号尾矿地北侧黄色酸性土最多(图 5-9),推测曾经从北角向池内注入尾矿渣等废料,经过长期的雨水作用,污染物含量在逐渐稀释,最终流入水塘,造成水体污染。

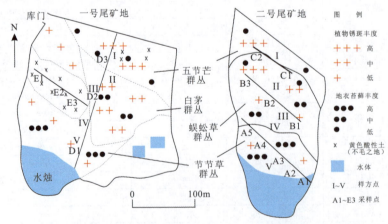

图 5-9 月亮包一号(左)、二号(右)尾矿地样方调查与采样分布图

---

① 高媛媛,彭兆丰,邱海鸥,等. ICP-OES 测定湖北秭归月亮包金矿尾矿区优势植物中的重金属元素[J]. 分析试验室,2016(待刊).

5.6.3 土壤与植物重金属含量分布调查

苔藓地衣不同的着生状况对污染物的响应敏感度较高，其物种生物量、丰度指数等观测数据可作为环境变化的指示剂（杨琳璐等，2012）。由北向南，一号尾矿地的植物群落变化规律为五节芒群丛→白茅群丛→节节草群丛，二号尾矿地植物群落变化为五节芒群丛→蜈蚣草群丛→节节草群丛。随着污染程度的降低，一号尾矿地和二号尾矿地的五节芒数量都呈明显下降趋势，说明五节芒更适应重金属污染条件下的低竞争力环境。节节草在靠近水源处分布较多，更占优势，这与节节草喜近水生的习性有关，而五节芒则更喜干旱。尾矿库的植物群落分布同时受水分、盐碱度及重金属污染影响。总体来看，处于次生演替中的这些耐污植物正在缓慢改善尾矿库池内受重金属污染的生态环境，是潜在的重金属污染场地修复的靶向植物。

本次调查采用ICP-OES法测定主要重金属含量，为该尾矿区重金属污染检测及调查奠定了基础，也为矿区植被重建和寻找重金属的超富集或者耐性植物提供了依据（高媛媛等，2016）。

5.6.3.1 一号尾矿地重金属污染调查

选择D线采集样品，D线主要为植物锈斑丰度线，距离水烛越远，锈斑越严重，地衣、苔藓丰度降低。由表5-37可知，一号尾矿地土壤Cu、Pb含量远高于对照地，且随着Cu、Pb含量的增大，锈斑丰度增大。Cu、Pb元素含量均表现为：D1＜D2＜D3，且D3分别为D1土壤Cu、Pb含量的9倍和20倍，而Ni、Zn、V含量无明显变化，故植物锈斑极有可能是受Cu、Pb元素含量的影响。

表5-37 一号尾矿地D线重金属元素含量　　　　　　　　单位：mg/kg

样品号	Cu	Pb	Ni	Zn	V
S-CK-1	38.25	11.97	34.84	82.92	112.10
一号-D1	262.93	50.99	15.15	103.72	82.24
一号-D2	367.33	169.76	13.19	57.73	77.85
一号-D3	1705.74	1095.62	23.31	155.48	88.29
一号-D2-S-2（深层）	2265.31	153.80	35.50	285.75	86.68
一号-NP-E1	1187.26	306.86	20.43	174.44	71.87
一号-NP-E2	555.57	303.09	11.29	65.61	66.66
一号-NP-E3	557.85	309.85	11.90	70.62	69.01
一号-NP-E3-S-2（深层）	1673.17	163.48	28.04	266.81	87.38

（注：对照样品CK是从尾矿库周边农田采集的土壤样品）

采样时发现一号尾矿地区域表层土及深层土壤颜色有差异，具体表现为0～10cm为土黄色沙质，质地较疏松；10～20cm为灰褐色，土壤黏稠，水分较大且伴有恶臭。故分层采取D2及E3表层及深层土壤，对其重金属含量进行对比（图5-10）。Cu、Zn元素含量随采样深度增加，E3土壤Pb含量减少，其余变化不大。

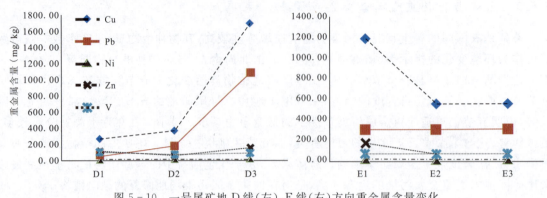

图 5-10 一号尾矿地 D 线(左)、E 线(右)方向重金属含量变化

5.6.3.2 二号尾矿地重金属污染调查

二号尾矿地土壤 Cu 含量严重超标,污染严重,A4、B1、B2 采样点 Cu、Pb 含量均比其他采样点高,A5 采样点 Zn 含量较高(表 5-38)。

表 5-38 二号尾矿地土壤重金属元素含量　　　　　　　　　　单位:mg/kg

样号	Cu	Pb	Ni	Zn	V
S-CK-1	38.25	11.97	34.84	82.92	112.10
二号-A1	804.69	67.22	18.68	131.79	94.48
二号-A2	833.27	63.53	15.10	126.11	86.87
二号-A3	751.09	56.59	17.81	115.47	83.35
二号-A4	1378.64	96.51	16.81	119.54	86.61
二号-A5	699.89	28.78	18.70	172.23	94.41
二号-B1	1275.93	90.05	16.61	136.44	97.59
二号-B2	1007.36	87.60	16.58	108.27	85.08
二号-B3	707.17	43.85	16.29	120.51	92.90
二号-C1	698.51	73.42	17.52	100.83	89.88
二号-C2	728.92	42.36	14.68	89.42	94.70

5.6.3.3 优势植物重金属元素含量调查

采用电热板敞开消解、高压罐密闭消解和微波消解对秭归月亮包金矿尾矿区节节草、五节芒和蜈蚣草 3 种优势植物进行前处理,利用 ICP-OES 测定 Cr、Mn、Zn、Cu、Ni、Pb、Mg、Al 和 Fe 共 9 种重金属元素含量,发现矿区的优势植物五节芒、节节草和蜈蚣草具有较强的重金属耐性和富集性。

应用 3 种消解方法分析月亮包金矿尾矿区优势植物五节芒、节节草、蜈蚣草的地上部及根部样品中的9种重金属含量(表5-39)。对比植物体内重金属发现,Mg、Al、Fe含量较高,Cr、Mn、Zn和Cu次之,Ni和Pb含量较低;3种植物对重金属的吸收能力普遍表现为:根部＞地上部,这可能是由于植物自身对重金属形成了特定的耐性机制,适应了当地环境的变化;五节芒对Mn的吸收表现为:地上部＞根部,可能具备一定的Mn吸收潜能,节节草和蜈蚣草也表现出较强的重金属耐性。

表 5-39 3种消解方法植物样品测定结果

植物样品		消解方法	ICP-OES 测定值(mg/kg)								
			Cr	Mn	Zn	Cu	Ni	Pb	Mg	Al	Fe
蜈蚣草	地上部	敞开	20.97	110.4	26.58	28.62	1.390	3.320	1578	355.3	700.1
		密闭	25.58	110.6	27.37	29.54	2.630	3.540	1589	527.0	808.6
		微波	36.64	113.7	28.60	29.19	4.950	3.540	1506	588.7	763.3
	根部	敞开	99.62	225.8	60.79	414.0	40.21	20.71	1572	3162	8639
		密闭	111.8	237.1	61.91	397.7	40.80	19.60	1764	4820	9202
		微波	136.8	235.3	65.25	420.3	42.91	21.35	1636	4101	9216
节节草	地上部	敞开	33.25	44.19	24.84	7.330	0.550	1.380	1138	67.90	280.6
		密闭	47.20	45.66	24.29	7.230	3.190	1.650	1197	73.69	390.8
		微波	56.22	40.95	26.43	6.900	1.190	1.880	1077	62.41	252.7
	根部	敞开	38.90	204.2	49.28	238.1	18.01	12.27	1496	3079	5383
		密闭	44.95	197.5	38.39	211.7	18.01	10.86	1559	4318	5388
		微波	58.71	192.7	50.33	211.0	16.96	10.72	1406	3146	4972
五节芒	地上部	敞开	12.79	87.52	41.28	6.020	0.500	7.550	634.5	51.95	173.3
		密闭	20.14	84.16	40.53	6.310	0.290	7.300	615.4	80.60	211.8
		微波	38.05	84.96	50.76	5.780	1.840	7.110	608.6	126.4	385.7
	根部	敞开	96.15	73.53	54.25	219.4	4.480	95.51	694.1	1191	3381
		密闭	112.8	74.79	43.77	207.0	3.940	95.23	766.9	1852	3449
		微波	133.3	69.24	46.71	205.9	4.640	95.55	690.5	1220	3181

5.7 植物群落演替调查分析

5.7.1 植物群落演替的概念

植物群落的动态(Dynamics)主要包括群落的形成、发育与变化、演替及进化(演化)。

5.7.1.1 植物群落的形成

植物群落的形成,可以从裸地上开始,也可以从已有的另一个群落开始。裸地(或称芜原,Barren)是指没有植物生长的地段,它是群落形成的最初条件和场所之一。裸地有原生(Primary)裸地和次生(Secondary)裸地之分,原生裸地是指从来没有植物生长过的地面,或原来虽存在过植被,但被彻底消灭了(包括原有植被下的土壤);次生裸地指原有植物生长地的地面,尽管原有植被已不存在,但原有植被影响下的土壤条件仍基本保留,甚至还残留原有植物的种子或其他繁殖体。在这两种情况下,植被形成的过程是不同的。裸地的成因主要有地形变迁、气候现象、生物作用、人类影响等。植物群落的形成是以植物繁殖体的传播和定居为前提的,其形成过程,大体上可分为3个阶段:开敞的、郁闭未稳定的和郁闭稳定的群落。

5.7.1.2 群落的发育与变化

一个植物群落形成后,会有一个发育过程,一般可把这个过程划分为3个时期,即群落发育的初期(幼期)、盛期(成熟期)和末期(衰退期),直到被另一个群落所替代(演替)。其间群落会有一些变化,主要有季节性变化、年际(逐年)变化和群落的更新等。

5.7.1.3 群落的演替

演替(Succession)是一个植物群落被另一个植物群落所取代的过程,即在植物群落发展变化的过程中,一个优势植物群落代替另一个优势植物群落的演变现象。它是植物群落动态的一个最重要的特征。植物群落演替因分类依据的不同可以划分为各种类型。

5.7.2 植物群落演替的类型

5.7.2.1 按演替的起始条件分类

根据植物群落演替的起始条件即裸地类型,把植物群落演替分为原(初)生演替与次生演替。

(1)原(初)生演替。

原(初)生演替即在一个没有植物覆盖的原生裸地上,或原来存在植被但后来被彻底消灭了的地方发生的演替,其演替系列称为原生演替系列。原生演替早期阶段的母质常常是未经分化,而这类母质的表面以前从未生长植被,如在裸岩、沙丘、火山岩上发生的演替。简单地说,原生演替就是从没有生命体的原生裸地上开始进行的植物群落的演替,次生演替的时间较长。

原(初)生演替一般模式:①发生于干燥地面的旱生演替系列,如果是发生在森林气候环境下,其演替系列可概括为裸→岩→地衣植物群落→苔藓植物群落→草本植物群落→灌木群落→乔木群落;②发生于水域里的水生演替系列,如果发生在淡水湖泊里,其演替系列可概括为开敞水体→沉水植物群落→浮叶植物群落→挺水植物群落→湿生植物群落→陆地中生或旱生植物群落。

(2)次生演替。

次生演替即原来的植物群落由于火灾、洪水、崖崩、火山爆发、风灾、人类活动等原因大部消失后所发生的演替,其演替系列称为次生演替系列。次生演替是在次生裸地上开始的演替,即由其他地方进入或残存的根系、种子等重新生长而发生的,可认为它是在原生演替系列发展途中出现的。简言之,次生演替是在具有一定植物种子或繁殖体的次生裸地上进行的植物群落演替。

次生演替实例:在某一个林区,一片土地上的树木被砍伐后作为农田,种植作物;以后这块农田被废弃,在无外来因素干扰下,就生长出一系列植物群落,并且依次替代。首先出现的是一年生杂草群落;然后是多年生杂草群落与禾草组成的群落;再后来是灌木群落和乔木群落的出现,直到一片森林再度形成,替代现象基本结束。在这里,原来的森林群落被农业植物群落所代替,就其发生原因而论是一种人为演替。此后,在撂荒地上一系列天然植物群落相继出现,主要是由于植物之间和植物与环境之间的相互作用,以及这种相互作用的不断变化而引起的自然演替过程。

次生演替比较典型的是森林的采伐演替和草原的放牧演替。森林如云杉林被皆伐后,要经过以下几个演替阶段:采伐迹地阶段、小叶树种(桦、杨)阶段、云杉定居阶段、云杉恢复阶段。草原的放牧演替则一般由以下几个阶段构成:放牧不足阶段(草甸化阶段)、轻微放牧阶段(针茅属阶段)、针茅阶段(羊茅属阶段)、早熟禾阶段、放牧场阶段。

5.7.2.2　按原生裸地的基质性质分类

据原生裸地的基质的不同,将植物群落演替分为旱生基质演替和水生基质演替两个系列。

(1)旱生基质演替。

旱生演替是指从干旱缺水的基质上开始,如裸露的岩石表面植物群落的形成过程。它一般经过以下几个阶段:地衣(包括壳状、叶状和枝状)植物阶段、苔藓植物阶段、草本植物阶段、灌木阶段、森林时代(阳树)、演替顶极森林(阴树),但实际上呈不规则系列者居多。在这种演替中出现的植物群落过渡系列称为旱生基质演替系列。旱生基质演替植物群落的形成从干旱的基质上开始,演替使旱生生境变为中生生境。

旱生基质演替的基质有多种类型,如可以是隆起的新生岛、火山的熔岩流和沙地等的岩石,以及由这些岩石风化成的各种母质。演替的初期,母质的保水力大都极差。由于植物的侵入,能促进土沙的固定、土壤的形成;由于腐烂植物的堆积而增加了土壤的保水力和营养盐类,这些都成为初期演替进行的原因。在岩石上进行的称为岩石演替系列,在沙丘上进行的则称为沙地演替系列。

(2)水生基质演替。

在水体或湿地中发生的植物群落演替称为水生演替。演替开始于水生环境中,但一般都发展到陆地群落。如湖泊或池塘中水生植物群落向中生植物群落的转变过程,其演替系列依次为:裸底阶段、自我漂浮植物阶段、沉水植物阶段、浮叶根生植物或浮水植物阶段、挺水植物阶段、湿生草本植物阶段和木本(森林)植物阶段。在这种演替中出现的植物群落过渡系列称为水生基质演替系列。水生基质演替植物群落的形成是从水中或湿润土壤开始,演替使水生生境趋向最终的中生生境。

5.7.2.3　按水分关系分类

Daubenmire(1968)完全不依据裸地的土壤在结构-养分上的不同,而是依据它们的特殊水分关系来进行分类,分为水生演替系列、旱生演替系列、中生演替系列。

5.7.2.4 按演替时间分类

按演替时间的快慢分类:Ramensky(1938)按照演替发生的时间进程,把植物群落演替分为:①世纪演替,延续时间长,以地质年代计算,常伴随气候的历史变迁或地貌的大规模塑造而发生,即群落演化;②长期演替,延续达几十至几百年,如森林采伐迹地的恢复演替;③快速演替,延续几年或十几年,如草原弃耕地的恢复演替。

5.7.2.5 按植被状况与动态趋势分类

(1)灾难性演替。

灾难性演替系指植被破坏有关的演替。原来的群落或者整个消失,或者只保留微小的痕迹,原群落的建群种完全消灭,群落的演替将重新开始。

(2)发育性演替。

发育性演替指未破坏目前植被均衡状态的演替。群落没有明显的、迅速的破坏,演替在一定程度上是逐渐进行的。

5.7.2.6 按控制演替主导因素分类

(1)内因性演替。

群落中生物的生命活动结果使它的生境发生改变,被改造了的生境又反作用于群落本身,如此相互促进,使演替不断向前发展。内因生态演替是群落演替的最基本和最普遍形式。一切外因演替最终都是通过内因生态演替来实现。

(2)外因性演替。

由于外界环境因素的作用引起的群落变化。包括气候发生演替(由气候的变动所致)、地貌发生演替(由地貌变化所引起)、土壤发生演替(起因于土壤的演变)、火成演替(由火的发生作为先导原因)、人为发生演替(由人类活动所导致)。

5.7.2.7 按演替群落代谢特征分类

(1)自养性演替。

自养性演替中,光合作用所固定的生物量积累越来越多,例如由裸→岩→地衣→苔藓→草本→灌木→乔木的演替过程。大多自然群落的演替属自养性演替。

(2)异养性演替。

出现在有机污染的水体群落演替,由于细菌和真菌分解作用特别强,有机物质是随演替而减少的。例如,受污染的水体、朽木、动植物尸体、粪便、植物果实等,它们为各种微生物、植物和动物提供了一个演替基质,经过各种生物在其上的演替,它们最终被降解而消失。

5.7.3 植物群落演替的共同点

在一定的外界环境条件下,植物群落的演替可以从裸露的地面上开始,也可以从已有的另一个群落中开始。但任何一个群落在其形成过程中,至少要有植物的传播、植物之间的竞争以及相对平衡等各种条件和作用。初生演替的前提条件是在这一片区域内原来不存在任何生物、植被,或者是原来的植被因为火山爆发、泥石流等原因全部死亡。起更的农田上发生的则为次生演替。

一片山坡上的丛林可因山崩全部毁坏,暴露出岩石面。但又可经地衣、苔藓、草类、灌木和乔木等阶段逐步再发育出一片森林,包括重新孕育出土壤。当一个群落的总初级生产力大于总群落呼吸量,而净初级生产力大于动物摄食、微生物分解以及人类采伐量时,有机物质便要积累。于是,群落便要增长直达到一个成熟阶段而积累停止、生产与呼吸消耗平衡为止。这整个过程称为演替,而其最后的成熟阶段称为顶极。顶极群落生产力并不最大,但生物量达到极值,而净生态系生产量很低或甚至达到零;物种多样性可能最后又有降低,但群落结构最复杂,而稳定性趋于最大。不同于个体发育,群落没有个体那样的基因调节和神经体液的整合作用,演替道路完全取决于物种间的交互作用以及物流、能流的平衡。因此,顶极群落的特征一方面取决于环境条件的限制,一方面依赖于所含物种。

不管原生还是次生演替,演替的最终结果是形成顶极群落。演替顶极是由美国学者Clements(1916)提出的,这一学说对植物群落学产生了巨大影响。Clements把一个群落比拟为一个有机体,并认为,一个气候区只有一个潜在的演替顶极,是这种气候下所能生长的最终型的群落,该地区所有的群落最后向着唯一的一个顶极群落即气候顶极(Climatic Climax)演替,他的这一学说称为气候顶极或单元顶极假说。但英国学者Tansley认为,在每一个气候带内,不仅有一个气候演替顶极类型,还有几个甚至很多个顶极类型,这些类型取决于土壤、小气候和其他局部条件,因此有气候、土壤、地形、火烧、动物等演替顶极之分,这一学说称为多元顶极假说。现在支持多元顶极假说的人越来越多。

5.7.4 植物群落演替的过程(阶段)

植物群落演替的过程可人为划分为3个阶段。

5.7.4.1 侵入定居阶段(先锋群落阶段)

一些物种侵入裸地定居成功并改良了环境,为以后入侵的同种或异种物种创造有利条件。

5.7.4.2 竞争平衡阶段

通过种内或种间竞争,优势物种定居并繁殖后代,劣势物种被排斥,相互竞争过程中共存下来的物种,在利用资源上达到相对平衡。

5.7.4.3 相对稳定阶段

物种通过竞争,平衡地进入协调进化,资源利用更为充分有效,群落结构更加完善,有比较固定的物种组成和数量比例,群落结构复杂、层次多。

5.7.5 研究植物群落演替的意义

植物群落演替的研究将揭示群落的运动、变化和发展规律,对认识群落的过去、现在,以及预测群落的发展和未来均具有重要的意义。在自然界里,植物群落的演替是普遍现象,而且是有一定规律的。人们掌握了这种规律,就能根据现有情况来预测群落的未来,从而正确地掌握群落的动向,使之朝着有利于人类的方向发展。例如,在草原地区应该科学地分析牧场的载畜量,做到合理放牧。

5.7.6 植物群落演替的野外考察

教学内容:考察旱生基质条件下原生演替与次生演替。

作业:根据考察结果,简要说明旱生基质条件下原生演替、次生演替系列各植物种类及群落内小环境的变化。

5.8 实习区植被分布调查与植物区系分析

5.8.1 植被调查基础知识

5.8.1.1 植被概念

植被(Vegetation)意即"植物的覆被",系指地球表面活的植物覆盖。一个地区的植被即是该地区所有植物群落的总和,是由一个或多个植物群落组合而成的。因此,在这个意义上,植被即植物群落的总称或同义语。它是一个植物学、生态学、农学或地球科学的名词。

植被的发育受生态因子(即自然条件)控制。生态因子主要是阳光、温度、水分、矿物质(土壤)、氧气、二氧化碳等。其中地区性变化较大,而且有一定分布规律的,是前面4个因子,即阳光、温度、水分、矿物质。也就是说,植被的分布主要与气候和土壤有关系。人类对植被的改造利用,同样不能脱离一定的气候和土壤条件。

组成植被的单元是植物群落,某一地区植被可以由单一群落或几个群落组成,如长白山植被主要由森林群落组成,而华北植被则由森林、灌丛和草甸群落组成。植被是基因库,保存着多种多样的植物、动物和微生物,并为人类提供各种重要的、可更新的自然资源。

5.8.1.2 植被生态学及其研究内容

植被生态学在国内以往多称为"植物群落学",它研究覆盖在地球表面的植物群体,亦即是研究植物群落的科学。作为现代生态学的一个分支,植被生态学一直是生态学研究的核心。

植被生态学的研究重点是植被系统,亦即典型群落的分类,但是研究植被系统并非植被生态学的根本目的,其根本目的还是研究植物群落与环境间的相互作用以及群落内种间的相互关系。其主要研究内容包括:①群落形态学,研究群落的种类组成和结构;②群落生态学,研究植物群落及其与环境之间的相互关系,环境条件对群落形成过程、结构特征、地理分布的影响,以及群落对环境的改造作用;③群落生理学,研究群落内各类有机体的作用和相互关系以及它们的生产力;④群落动态学,研究群落的发生、演替和演化等;⑤群落分类学,研究群落类型的确定并建立一定的联系;⑥群落分布学,群落在地表的分布规律、植被区系历史等。此外,在应用植被生态学中,还包括植被的管理和利用、植被制图等研究内容。

中国的植被研究工作开始于20世纪30年代。植被分类标准以建群植物的外貌(即生活型)为主,同时还要考虑空间层次(即空间层片)和时间层次(即时间层片,主要是指栽培群落),以外还要考虑土壤基质和生境。在植被分区方面,不仅要考虑天然原生植被,同时还要考虑天然次生植被和栽培植被。在植被与环境条件的联系方面,不仅要考虑大气候环境,同时还要注意基质(即地质和土壤)条件。

5.8.1.3 植被类型及其分类

植被与气候、土壤、地形、动物及水状况等自然环境要素密切相关。植被可按地理环境特征划分,如高山植被、草原植被、海岛植被、温带植被等;可按不同地域划分,如天山植被、中国植被;还可依植物群落类型划分,如草甸植被、森林植被等。

全球范围植被可区分为陆地植被、海洋植被两大类。陆地植被特点为种子植物占绝对优势,但由于陆地环境差异大,形成水平地带性(纬度和经度)、垂直地带性分布规律,类型多样、特色明显。海洋植被的特征是生产能力低,以绿色植物中的藻类占优势。

陆地表面分布着由许多植物组成的各种植物群落,如森林、草原、灌丛、荒漠、草甸、湿地等,总称为该地区的植被。湿地植被以生态上依赖于湿地的植物组成,一般以草本植物占有优势,具有隐域性分布的特点,生产力巨大。

植被分类的主要依据是植被的种类组成、数量、结构、生活型及生态特点,以优势种最为重要。植被分类单位主要有植被型、群系和群丛3个主要系列及多个辅助单位。

植被根据起源分为自然植被和人工(栽培)植被。自然植被是一个地区的植物长期发展的产物,包括原生植被、次生植被和潜在植被。人工植被包括农田、果园、草场、人造林和城市绿地等。人类长期栽培的植物的组成和结构都很单调。

5.8.2 植被野外调查方法介绍

植被野外调查并不局限于植被的定性描述,植被调查需从定性和定量两方面着手。

5.8.2.1 植被研究取样

取样系指通过样例(样方)的研究去准确推测植被的整体。在植被取样调查时要注意取样的方法和数量,尽可能保证样例要有代表性,能通过尽可能少的抽样获得十分准确的有关总体的特征。常见的取样方法有代表样地法、随机取样法、分层随机取样法和系统取样法。有关取样的原则、取样单位、方法及要求可参考《植被生态学》(宋永昌,2001)及相关植物群落生态学调查文献。

5.8.2.2 典型样地记录法

典型样地记录法是法瑞学派采用的调查方法,因此常称为"法瑞学派典型样地记录法"。这个方法的特点是在对一个地区植被全面踏勘的基础上,选取典型的群落地段,即群落片段,在其中设置若干个大小足以反映群落种类组成和结构的样地,记录其中的种类、数量、生长、分布等,这张表叫作"样地记录表"。有关典型样地记录法设置样地的要求请参考《植被生态学》(宋永昌,2001)。

5.8.2.3 标准样方法

标准样方法是许多美洲大陆生态学家常用的方法,其特点是:首先,用主观的方法选取群落地段;然后,在其中随机设置许多小样方,对它们进行调查。这样做的目的是要通过随机设置的许多小样方的调查结果,较精确地去估计这个群落地段,从而掌握该群落数量特征。因而这种取样方法在样方的面积、形状和数量上都有不同于典型样地记录法的要求。有关标准样方法中样方的设置及要求可参考本书中植物群落生态学调查的内容,在这里不再赘述。

5.8.2.4 距离测定法

距离测定法又称无样地取样法,是20世纪50年代在植物群落研究中提出的,以代替固定面积取样的方法。这类方法的特点是:在被研究的群落地段上随机选择若干点,测定点与植株之间的距离,以此为根据推算出种在群落中的数量特征。用此方法取样时无需根据所研究的植被类型不同而调整样方大小,因此在固定样方面积有困难时,例如对某些难于通行的森林和灌丛进行研究时特别受到重视。目前使用的距离测定法主要有最近个体法、最近毗邻法、随机配对法、中点四分法,其中以中点四分法应用最广。有关距离测定法的介绍及应用请参考《植被生态学》(宋永昌,2001)。

5.8.3 植被野外调查样地资料的整理

通过植被野外样地调查将获得大量的样方资料,但样地所代表的植物群落的属性还是不明确的。因此,必须在室内对这些样地资料进行整理,即通过综合的研究,以便达到植物群落类型划分的目的,这是群落学研究的主要阶段。样地资料之间的关系除了通过前述的法瑞学派的列表法加以判断外,一种更加客观的方法是通过数学计算样地之间的相似性指数,或称为群落相似性系数,这也是植被数量分类要做的第一步工作。

相似系数的计算方法很多,Morre(1972)曾列出了40种,阳含熙(1980)以及阳含熙和卢泽愚(1981)也介绍了21种。大家可以参考以上文献。

群落的相似性除了用多种公式计算的相关系数表示外,还可以用距离系数来确定,即把两个样地记录等的相似(或相异)性程度以空间位置的形式表达出来。常用的有欧氏距离和Bary-Curtis距离(宋永昌,2001)。

5.8.4 植被调查报告的撰写

根据研究目的的不同,植被研究的方法各种各样。在植被资源调查中,常采取定性或与定量方法相结合的方法进行。根据样方取得的资料,通过上述数据处理就可以进行植被调查报告的撰写。

一个地区植被调查报告的内容常常依赖于调查的目的与要求进行。一般包括以下内容:调查目的、调查对象、调查时间、调查方法、调查结果及分析、结论等,并附参考文献、植被图等。

植被调查结果是植被调查报告的核心内容,一般包括植被分类系统、主要植被类型及其介绍、植被垂直分布规律、植被演替、植被保护和利用的建议等内容。在植被类型及介绍中常常要列出样方调查数据,一般到达到群丛(Association)一级深度,并要详细介绍样方信息、群系的物种组成、群落分层结构及各层的优势种、分布、起源及更新和演替信息。

5.8.5 自然植被的保护与合理利用

人类的生存和发展都离不开植物,利用植物资源的方式以及广度和深度也随着人类社会的变革和科学技术的进步而发展。生物资源与非生物资源的根本区别在于生物资源的再生性,但是只有在保护和扩大现有植物资源的前提下,合理地开发资源,才能永续利用,如果违背自然规律,不认真保护资源,进行掠夺式的利用和破坏,则必然遭受大自然的惩罚,使资源迅速枯竭,生态环境恶化。因此,植被资源的保护是其利用的前提。

5.8.5.1 对自然植被资源保护必要性的认识

(1)植被资源是整个生态系统的基础,为整个生态系统提供物质和能量基础。一旦植被被破坏,生态系统的动态平衡将失去,导致野生动物的迁移、植物的消亡,对人类的生活和生产带来不利。

(2)森林植被是巨大的绿色水库。三峡库区自然植被是保证三峡工程安全运行和水资源的绿色屏障,在保持水土、保障农田丰收、维持生态平衡方面起重要作用。

(3)宝贵的植物多样性"基因库"。自然植被植物种类异常丰富,有许多都是有重要经济价值、药用价值和珍稀濒危的植物资源,如此众多的野生植物资源,可为人们的需要提供丰富的种源,是宝贵的"基因库"。

(4)科学研究的理想场所。三峡库区地处中亚热带向北亚热带过渡区,植物资源和植被类型都带有过渡性质,加上其良好的自然环境、丰富的植物种类,适合做长期的科学监测,是理想的研究场所。

(5)重要的森林旅游资源。森林植被有千姿百态的各种大小树木,有绚丽多彩的森林植物群落,成为鄂西南地区重要的旅游胜地。但如果不保护这些植被资源,其旅游价值将逐渐丧失。

5.8.5.2 对森林植被保护的建议

森林和野生动物类型自然保护区是国家生物多样性就地保护的重要场所,一个好的自然保护区,不仅要有良好的管理基础,而且要有不断的研究与监测支撑。对其森林植被的保护提出初步建议如下。

(1)科学规划与布局自然保护区。应根据国家有关自然保护区设计的基本要求,以保护生物学的基本原理为依据,结合保护区内生物多样性分布的特点以及各地段的天然界限,对扩区后的保护区进行合理规划与布局。要科学划分核心区、缓冲区、试验区;在核心区内严格保护自然环境和自然资源,停止一切生产活动和人为干扰;核心区之间可以考虑生物廊道的规划和建设等问题。

(2)应特别重视对森林植被的保护,尤其对重点保护对象,如珍稀植物群落、低海拔地区常绿阔叶林以及人为干扰强烈地区珍稀树种的整体保护,不仅要保护群落本身,而且要保护其生存的小环境。对栖居着野生珍稀动植物的森林植物群落和在涵养水源或在科学研究上有重要意义的森林植被,以及对分布在保护区内有人口居住的古银杏、红豆杉、南方红豆杉等珍稀树种和古大乔木要重点保护,要挂牌示意,明确保护规定。

(3)加强科研与监测工作。三峡库区自然保护区目前已建立了一些自然保护区,在成立之初的一段时间内科研工作开展得比较好(如建立了一定规模的植物标本室等),但后来由于资金等实际困难,科研与监测工作有所减弱。为更好地保护自然保护区森林生物多样性,保护区应设立固定气象站、固定样地,并组织力量,进行生物多样性、森林生态系统的结构与功能以及群落或种群的动态研究,以实现保护区生物资源的保护、开发和持续利用。

(4)制订相应措施,鼓励和支持护林、营林和育林措施,促进自然保护区植被资源的恢复和发展。除核心区外,在缓冲区和试验区应尽早实施植被恢复工程。

5.9 植物区系分析

5.9.1 植物区系基本概念

植物区系(Flora)指某一地区,或者是某一时期、某一分类群、某类植被等所有植物种类的总称。如中国秦岭山脉生长的全部植物的科、属、种,即是秦岭山脉的植物区系。它们是植物界在一定自然环境中长期发展演化的结果。为什么此地是这样一些植物聚集,彼处又是另一些植物组成?它们是在怎样的条件下汇合到一起的?这些地区之间(通过植物)有过哪些联系?这些问题要在了解植物种属分布特征的基础上,以一定区域为单位进行分析研究。它们虽然仅直接反映该区域环境特性的一个侧面,却常关联着整个地球表层自然环境演变。

植物区系包括自然植物区系和栽培植物区系,但一般是指自然植物区系;根据不同原则或分布区特点,可划分为几类区系成分。通常将某地区全部植物种类按科、属、种进行数量统计,然后按地理分布、起源地、迁移路线、历史成分和生态成分划分成若干类群,分别称为植物区系的地理成分、发生成分、迁移成分、历史成分、生态成分等,以便全面了解一个地区植物区系的种类组成、分布区类型以及发生、发展等重要特征。

植物地理学,又称地植物学,是研究植被的空间分布规律的学科,它研究植被的组分、性质的分布类型,以及其形成的原因、动态以及实践中的应用等。

传统的植物地理学分为3个部分:区系植物地理学、生态植物地理学和历史植物地理学。历史植物地理学研究植被的时间发展规律,现代植被空间规律的阐明要借助于历史植物地理学研究的结论。生态植物地理学与植物生理学的成就结合,已经发展成为植物生态学。从地理学的观点来看,植被由不同种类的植物组成,而不同种类的植物个体在自然界极少孤立出现,总是与其他植物结合形成群落存在,植物地理学的研究只能根据研究对象,在两个水平上进行:在种属(包括种以下和属以上的单位)水平上进行和在群落水平上进行。前者是植物种类地理,后者是植物群落地理。

植物种类地理主要内容包括植物生态地理群、植物分布区、植物特有种、植物残遗种和植物替代种、植物区系、地球植物区系分区,以及栽培植物起源中心说等。植物群落地理主要内容包括植物群落、植被动态、植被带以及各种植被类型。此外,植物地理学还研究植物地理气候指标、植物地理先兆法则、指示植物、植被区划和植被制图等。

5.9.2 植物区系地理学的研究内容

5.9.2.1 区系组成统计

统计一个地区科、属、种的总数,如中国有维管束植物353科27 150种,居世界第三位。比较两个地区植物发生上的相互联系,进行相似性分析是一个重要途径。

5.9.2.2 区系相似性分析

相似性指数＝两地共有的非世界属的数目/相对贫乏地区的非世界属的数目；除了属的相似性外，还可以计算科的相似性指数。相似性指数越高，植物区系越接近。

5.9.2.3 区系成分分析

把一个植物区系所有植物按照其分布区类型、种的发生地和迁移路线等分成若干群，称为植物区系成分。按照分布区类型划分即为地理成分，按照种的发生进行划分即为发生成分，按照迁移路径进行划分即为迁移成分。

5.9.3 植物区系研究的意义

相关研究能够为植物界的起源和演化研究奠定基础，为植被区划提供依据，也为植物的引种、驯化以及生物多样性的保护提供科学依据。

第 6 章 动物生态学调查

6.1 动物野外调查的准备工作

6.1.1 调查目的的确定

调查目的取决于调查的对象以及调查内容。通常野外教学实习的调查对象多为昆虫、鸟类和哺乳类动物,对观察到的鱼类、两栖类及爬行类动物也要进行记录,有时也包括土壤动物。调查内容可涉及个体生态学、种群生态学或群落生态学。例如,可调查动物种群的数量、年龄和性别,编制动物种群生命表,分析动物群落生物多样性以及研究动物行为生态等。

6.1.2 调查地点的选择

不同种类动物的生境各不相同,因此调查地点也需要根据不同的调查对象和内容来进行选择,必须具有代表性和普遍意义,能反映出研究对象真实的自然状况。例如,鸟类的调查可选择树林、灌丛等生境,而若是侧重于湿地水鸟的调查则需选择湿地生境。

调查地点的选择还需考虑交通是否便利,要保证最基本的工作条件。一般人类活动越少的地区,干扰越小,野生动物也越多,这样调查出来的结果越能准确地反映该地区野生动物的真实状况,但在这样的地区,一般交通、工作条件都会相对较差,给调查工作带来困难,因此选择调查地点时需在真实性和便利性这两个因素间权衡。

6.1.3 调查工具的准备

野外调查首先需要一份调查地区的地图;其次需要根据调查内容设计制作数据记录的表格,例如样线记录表、鸟体测量基本数据记录表、土壤记录表等。通常这些表格可参考国家相关部门制定的技术导则里的通用表格。此外还需准备动物野外工作手册、鉴别图鉴等工具书。

根据调查对象和内容的不同,需要准备不同的工具,一般常用的野外定位、测量、观测工具包括全球定位系统(GPS)定位仪、罗盘、皮尺、直尺、游标卡尺、测距仪、测高仪、温度计、湿度计、望远镜、照相机等。野外工作通信设备也必不可少。常用的采集工具有搜捕网、诱捕器、采泥器、采集筒、土壤抽样器、池网、样方绳、采集铲、记号笔、塑料袋和布袋等。此外,还需要毒瓶、脱脂棉、乙醇溶液、甲醛溶液等工具、药品。

6.1.4 注意事项

对动物的调查时间应该与动物活动的最高峰时间一致。例如对于鸟类来说,调查时间应尽量安排在清晨,这时动物活动频繁,易于观察。野外调查时除对动物的种类和数量进行调查外,还需要对其生境进行调查,看动物所处生境的类型,以及动物与生境之间的关系如何。

对生境的调查一般包括以下几个因子。

(1)地形地貌:山地或平原、坡向、坡度、坡位、海拔、土壤类型等。

(2)气候因子:天气的晴阴状况、温度、风速、风向、降水等。

(3)植被因子:植被型、林木密度、盖度、喜食植物的种类、主要食物的可利用量等。

(4)其他因子:人类或动物干扰的程度、离隐蔽地的距离等。

6.2 动物的野外观察与识别

6.2.1 两栖类野外观察

两栖类动物多生活于空气潮湿、气温较高、植被繁茂、有淡水水域的环境。两栖类动物一般都会进行冬眠,因此野外观察必须在中春至秋末这段时间进行。

两栖类动物可分为无足目、有尾目和无尾目三大类。在三峡地区仅有有尾目和无尾目共40余种,主要为无尾目(即各种蛙和蟾蜍类)。无尾目两栖类动物的野外观察应在老师的带领和指导下,白天选择生境寻找和观察蛙卵(有分散飘浮在水面的、成团的、包在树叶中的等)和各期蝌蚪。晚上到白天选好的生境用电筒照明观察和适当采集。另外,在野外要特别注意蛙的叫声,根据其鸣声可鉴别其种类。

6.2.2 爬行类野外观察与注意事项

爬行类动物与两栖类动物一样也是变温动物,冬季必须进入冬眠,野外观察应选择在3月下旬至10月中旬这段时间进行。三峡地区爬行动物计有40余种,分属于龟鳖目、蜥蜴目和蛇目,以蜥蜴目和蛇目为主。

三峡地区蛇目种类有近30种,无毒蛇和有毒蛇均有分布,其中毒蛇9种。有毒蛇类主要是指有一对前沟牙或管状毒牙的蛇类,头一般为典型的三角形,尾部骤然变细而较短,头顶具颗粒状鳞,鼻眼之间具颊窝,这类毒蛇属于蝰科。三峡地区分布的有竹叶青、菜花原矛头蝮、短尾蝮、尖吻蝮(五步蛇)等。另一类毒蛇头为椭圆形,除有一对毒牙和尾部较粗短外,在一般情况下体形与无毒蛇较难区别。如眼镜蛇科的银环蛇、眼镜蛇,这两种在三峡地区均有分布。无毒蛇的种类较多,主要为游蛇科种类。不过在游蛇科无毒蛇中有少数种类具较发达的后沟牙的蛇也是有毒的,但毒性不属剧毒。三峡地区常见的无毒蛇如黑眉锦蛇、翠青蛇、乌梢蛇等。

白天活动的蛇类在气温25℃以上时最为活跃,主要活动时间在上午10:00以后至下午4:00之间。野外工作时要注意防蛇咬,尽量穿高帮鞋,不走密集草丛,或携带木棍提前驱赶。一旦被蛇咬伤应按蛇伤常规处理后立即送医院救治。

6.2.3 鸟类的野外观察和识别

6.2.3.1 鸟类生态学基础知识

很多鸟类会根据季节变化迁移到不同的地方过冬或繁殖。根据鸟类是否具有迁徙习性将它们分为以下几类。

(1)留鸟:终年生活在同一地区,不随季节变化进行远距离迁徙的鸟,如麻雀、乌鸦、喜鹊。

(2)候鸟:在春秋两季沿着固定的路线,定期在繁殖地和越冬地之间迁徙的鸟,如鸿雁、家燕。

(3)漂泊鸟:留鸟中的特殊类型,有些留鸟繁殖后离开生殖区,在本种的分布范围内移动,移动没有方向性,也不定居在某地,主要随食物的变化而转移,春季才回到生殖区。如煤山雀、普通䴓。

根据候鸟在某一地区的停留情况,还可以细分为4种类型。

冬候鸟:秋天飞来某地越冬,翌年春天飞往北方繁殖,秋天又飞返该地越冬的鸟,就该地区而言,称冬候鸟。如花脸鸭和太平鸟在我国大多数地区为冬候鸟。

夏候鸟:夏季在某地繁殖,秋天飞往南方较温暖的地区越冬,春天又返回这一地区繁殖的候鸟,就该地区而言,称夏候鸟。如家燕、杜鹃在我国大多数地区是夏候鸟。

旅鸟:候鸟在迁徙途中,经过某地,不在此地繁殖或越冬,继续南迁或北返,即为该地区的旅鸟。如旅经中国大部分地区的黄胸鹀、一些鸻鹬类水鸟。

迷鸟:候鸟在迁徙过程中,遇狂风或其他恶劣天气影响,飘离正常迁徙路线或栖息地,偶然到达异地的鸟。如非洲的埃及雁偶见于北京,美洲的沙丘鹤偶见于江苏和云南。

6.2.3.2 鸟类识别方法和技巧

在野外识别鸟类,在未到达观察采集地点之前,要根据那里的环境特点,估计可能遇见的鸟类类群。例如,到山地林区可以看到啄木鸟、杜鹃和一些雀形目鸟类;在高山的不同垂直带分布有不同的鸟类;在一片树林的不同层次也可以看到不同的鸟类;到水区可以看到游禽、涉禽和一些在水边的大树或灌丛中生活的鸟类;在多岩石的山溪和平坦的水稻田,遇到的水鸟也有所不同。这样,根据生态类群所做的划分和选择,便缩小了观察的种数,有助于研究鸟类的分布规律,常可收到事半功倍的效果。

野外识别鸟类主要根据鸟的形态特点、羽毛颜色、活动姿态和鸣声等予以准确迅速地识别。识别鸟类需对鸟类分类有一定的基础知识,看到一只鸟,能根据形态特点知道它大致属于哪个类群,用图鉴查找核对就能有相对固定的范围。具体来说,形态特征包括体形大小、羽冠、嘴形、体型、翅形、翼形、尾形、颜色和斑纹等。识别鸟类要迅速抓住容易观察的特征。活动姿态和鸣声属于行为特征,具体诸如觅食、摆尾、停栖、行走、飞行、鸣叫等行为,都是重要的识别特征。开始观鸟之前最好还要先熟悉鸟类身体各部位的名称和一些术语,观鸟时有助于记住鸟的各部位特征与图鉴对比。

识别鸟类应具体留意以下各点。

(1)鸟的大小和形状。

(2)总体颜色,以及身体上部和下部颜色。

(3)显眼的标记或块斑,记下它们的颜色和大致部位。

(4)嘴、脚、翼、尾、颈的大小和形状。

(5)嘴、脚、爪、眼的颜色。

(6)飞行或其他动作的特点。

(7)独特的叫声和鸣唱。可以用文字谐音记录,或用录音机记录。

(8)注意与其他鸟类进行比较。

(9)日期、时间、地点、天气在有些时候是帮助辨认鸟类的重要线索。

(10)生态环境及周围情况,许多鸟种只在特定的生态环境中活动。注意它们停留在灌丛或树木上的位置等。

(11)观察角度、观察距离、光线情况。光线不足或异常的观察角度有时会造成极大的错觉。

观察识别鸟类时,在现场与图鉴对比,能够查找出鸟的正确名称最好。如果没带图鉴,需要把观察获得的各种信息详细记录在笔记本上,最好画一张观察鸟的形态草图,记下鸟各个部位的颜色,以便今后依据图鉴查找辨认,或请教有关专家。在野外记录的线索越多,信息越详细,越有助于查找确定鸟的种类。

6.2.3.3 野外观鸟的注意事项

(1)服装穿着:鸟类视力敏锐,听觉灵敏,对鲜艳明亮的色彩和迅速移动的物体很敏感。因此,观鸟时不要穿黄、红、橙、白等颜色鲜艳的服装,选择与自然环境协调近似的草绿、棕褐色的棉布服装或者迷彩服较好。

(2)行为举止:观察鸟类动作要尽量轻缓,不做突然而迅速的动作,不要大声说话、叫喊,也不要喋喋不休地聊天,否则容易将鸟惊飞。要学会静悄悄地活动,需要与同伴交流信息时,要尽量低声。发现鸟后,需要走近观察时,行走要慢而轻,尽量不发出声音,随时注意鸟的行为,发现鸟紧张不安,就要马上停下来,静静地站立不动,或者马上慢慢地后退一段距离,等鸟恢复正常活动,再进行观察。

6.2.4 兽类的野外观察

兽类多在夜间或晨昏活动,白天活动得少,且栖息地隐蔽条件好,活动隐蔽。另外兽类十分机警,善于回避,这都增加了直接观察的难度。野外观察时除应尽量记录观察到的动物种类及数量外,尤其要注意兽类活动时留下的痕迹,包括足迹、采食痕迹和粪便等来识别物种。

6.3 动物数量调查

动物种群生态学调查一般涉及种群数量、年龄结构、性别构成和空间分布格局等参数的调查,根据野外教学实习要求,这里重点只介绍几种动物数量的调查方法。

6.3.1 总体计数法

计算整个生境面积内生活的动物个体数,进行全数调查,即为总体计数法。总体计数法适用于一些栖息地范围有限或者生境开阔的昼行性大型动物,或者一些小范围内的无脊椎动物,可直接点数统计其全部数量。例如,对某一水域冬季集群的越冬水鸟进行数量调查,可采用一种称为分区直数法的总体计数法。即根据地形、地貌等特征将整个观测区域进行分区,逐一统计各分区中的鸟类种类和数量,累计相加即可得出观测区域内鸟类总种数和总个体数量。进行这样的调查时,时间要相对集中,最好在同一天完成,防止动物迁移漏计或重计。又如对在一块木头或树皮之下的节肢动物进行调查,可以捕捉收集后直接进行分类和总体计数。

6.3.2 样方计数法

如果调查的面积相当大,又不可能对全部动物加以计数时,需要用抽样方法计数。将调查区域分割成若干样方,然后抽取部分样方调查动物的数量,根据多个样方算出平均数,然后推断出整个地区的种类数量。样方的形状通常是正方形或长方形,也可以是条带形或圆形,样方数量的多少需要预先进行计算。样方的选择可采取随机抽样,或系统设置,或根据生境类型、海拔等因素分别随机抽样。样方最好具有代表性,一般昆虫的样方为1m×1m,小型无脊椎动物的样方为5m×5m,而鸟类的样方则为100m×100m等。取样前需要了解被调查动物的分布形式和群体活动时的散布距离,从而决定选取样方的数量和大小。

6.3.3 样线(带)法

样线(带)法是在大面积上进行大、中型动物熟练统计的最基本方法,此法少受生境条件的限制,省人力和物力,一个统计人员在短时间内可以调查相当大的区域。

样线法按照预定线路行走,观察遇见的动物,记录动物的种类、数量、距样线中心的距离等。根据不同动物类群设置不同样线的宽度,最后将观察到的动物数量除以样带宽度与路线长度的积,得出单位面积上的种群数量(即种群密度)。再乘上研究区域的总面积即可获得区域总的动物种群数量。

种群密度计算公式:$D = N/2LW$

式中,D 为种群密度;N 为观察到的动物总数量;L 为样线长度;W 为单侧样线宽度。

总的种群数量即为:$P = A \times D$

式中,P 为种群数量;A 为研究区域总面积。

进行路线设计时,首先要确定调查的总面积,并借助地图确定几条贯穿各主要生境的调查路线,标定在大比例尺的工作地图上。实际调查时,可用指南针定出行走路线的方向作为样带的中心线,严格按照规定的路线前进,不要任意地改变方向或选择好走的路走。此外,要考虑被调查动物的活动规律和习性,应在动物最活跃的时期进行调查。正式调查时,统计人员必须携带路线图、GPS、望远镜、计步器、笔记本等用品,沿着固定路线前进。

6.3.4 标记重捕法

在被调查种群的生存环境中,捕获一部分个体,将这些个体进行标志后再放回原来的环境,经过一段时间后进行重捕,根据重捕中标志个体占总捕获数的比例来估计该种群的数量。标记重捕法是种群数量、密度的常用调查方法之一,适用于活动能力强、活动范围较大的动物种群。

标记重捕法根据自由活动的生物在一定区域内被调查与自然个体数的比例关系对自然个体总数进行数学推断。

理论计算公式:$N = M \times n/m$。

式中,N 为种群数量;M 为被捕捉对象数量;n 为重捕个体数量;m 为重捕个体中被标记个体的数量。

标记重捕法的前提或假设为调查期间种群数量稳定,标志个体均匀分布在全部个体之中,标志操作不影响动物的行为和死亡。

标记重捕法操作流程如下。

(1) 完全随机选择一定空间进行捕捉,并且对被捕捉对象全部进行标记,标记个体数为 M。

(2) 在估计被标记个体与自然个体完全混合发生的时间之后,回到步骤(1)捕捉的空间,用同样的方法捕捉。捕捉数量为 n。

(3) 统计被捕捉个体中被标记的个体,记为 m。

(4) 按照理论公式进行计算。

(5) 多次试验求平均值。

标记重捕法注意事项:选择的区域必须随机,不能有太多的主观选择;对生物的标记不能对其正常生命活动及其行为产生任何干扰;标记不会在短时间内损坏,也不会对此生物再次被捕捉产生任何影响;重捕的空间与方法必须同上次一样;标记个体与自然个体的混合所需时间需要正确估计;对生物的标记不能对它的捕食者有吸引性。

6.4 动物群落生态学调查

动物群落生态学调查可涉及群落的组成和结构、群落物种多样性、群落的相似性、群落演替等方面。一般野外教学实习多采用群落物种多样性调查,根据调查数据可进行群落组成、数量、物种多样性、群落相似性等分析。数量分析见上一节内容,这里先介绍常用的物种多样性指数和相似性指数分析方法,之后就两个常见的动物类群——鸟类、两栖类的物种多样性调查方法进行具体介绍。

6.4.1 物种多样性分析

动物群落物种多样性分析通常采用多样性指数作为衡量指标。物种多样性指数是反映物种丰富度和异质性的综合指标,在动物生态学研究中常用香农-威纳(Shannon - Wiener)指数和辛普森(Simpson)指数两种。这里选用 Shannon - Wiener 指数和由之衍生的均匀性指数来进行测定。

Shannon - Wiener 指数借用了信息论方法。信息论的主要测量对象是系统的序(order)或无序(disorder)的含量。在通信工程中,人们要进行预测,预测信息中下一个是什么字母,其不定性的程度有多大。例如,"b b b b b b"这样的信息流,都属于同一个字母,要预测下一个字母是什么,没有任何不定性,其信息的不定性含量等于零。如果是"a b c d e f g",每个字母都不相同,那么其信息的不定性含量就大。在群落多样性的测度上,就借用了这个信息中的不定性测量方法,就是预测下一个采集的个体属于什么种,如果群落的多样性程度越高,其不定性也就越大。Shannon - Wiener 指数公式见第 5 章 5.2.3。

在 Shannon - Wiener 指数中,包含着两个成分:① 种数;② 各种间个体分配的均匀性(equiability 或 evenness)。各种之间,个体分配越均匀,H 值就越大。如果每一个体都属于不同的种,多样性指数就最大;如果每一个体都属于同一种,则其多样性指数就最小。可以通过估计群落的理论上最大多样性指数(H_{max}),然后以实际的多样性指数对 H_{max} 的比率,从而获得均匀性指数(Index of equiability)。

均匀性指数公式：
$$E = H/H_{max}$$
式中，E 为均匀性指数；H 为实测 Shannon-Wiener 指数值；H_{max} 为 Shannon-Wiener 指数理论最大值，即 $\ln S$。

6.4.2 群落相似性分析

不同动物群落间进行比较时，可采用相似性分析，即计算两群落的相似性指数来反映群落间的相似程度。相似性指数是测度群落间或样方间相似程度的重要指标，可用定性或者定量的方法来进行分析。之后通过相似系数进行聚类分析，建立树形图就可以对群落进行分类。测定群落相似性的指数较多，简单而常用的诸如 Jaccard 相似性系数，即根据物种的有无计算的相似性指数。

如果群落 A 中有 a 个物种，群落 B 中有 b 个物种，A 和 B 群落共有 c 个物种。那么，A 和 B 群落的 Jaccard 相似性系数是：
$$S_j = c/(a+b-c)$$

如果两群落的物种完全不同，则 $c=0$，$S_j=0$；如果两群落的物种完全相同，则 $S_j=1$。S_j 的值由 0 逐渐扩大到 1，表明两群落由完全不相似到完全相似。

6.4.3 物种多样性调查方法

6.4.3.1 样线法调查鸟类群落物种多样性

常用的鸟类多样性调查方法有样线法、样点法、分区直数法、网捕法、领域标图法、红外相机自动拍摄法等。这里仅介绍最常用、也是最适用于野外教学实习的样线法。

1) 调查目标

了解调查区域内鸟类群落的物种组成、数量和分布，通过样线法可估计出单位面积的鸟类数量（即密度），并计算该群落的物种多样性指数等。调查同时并评价该群落生境质量，了解各种因素（尤其是人为干扰因素）对鸟类群落的影响。本方法主要适用于林地鸟类，对于开阔水域的集群水鸟则一般采用总体计数法。

2) 调查工具

8~12 倍双筒望远镜、鸟类图鉴等工具书、GPS 定位仪、铅笔、野外调查记录表格（附表七）、照相机等。

3) 调查原理

样线法原理在前面的动物数量调查方法中已有介绍。根据样线两侧观测记录范围的限定，样线法又可分为不限宽度、固定宽度和可变宽度 3 种方法。不限宽度样线法不考虑观测到的鸟类与样线的距离，固定宽度样线法仅记录样线两侧固定距离内的鸟类，可变宽度样线法需估计鸟类与样线间的垂直距离。其中，固定宽度样线法最为简便、易操作。

固定距离样线法的假设前提条件如下：

(1) 记录鸟类时，样线上的鸟未被遗漏；

(2) 鸟类不因观察者的存在而进出统计的条带；

(3) 所有鸟类个体未被重复记录；

(4)鸟类个体到样线间的距离估计无差错;

(5)每次的鸟类调查是独立的;

(6)所有的鸟类能被正确鉴别。

4)调查方法

(1)样线选择:根据生境类型和地形设置样线,样线尽量为直线,各样线互不重叠,且间隔距离至少 1km 以上,每种生境类型一般至少 2 条样线,每条样线长度以 1~3km 为宜,不应小于 1km。

(2)样线宽度:理想的样线宽度是选择在所有鸟都能被发现的范围内。在树林环境中一般是每侧 25m,在开阔地是每侧 50m。

(3)行走速度:调查时行走速度一般规定为 1.5~3km/h。

(4)调查时间:应为晴天或者多云天气,一般在早晨日出后 3h 内或者傍晚日落前 3h 这两个鸟类活动高峰期内进行观察。

(5)数据记录:研究者沿固定线路行走,记录样线两侧一定距离内所听和所看到的鸟类种类、个体数、生境类型(水域、农田、树林或灌丛等,并判断人为干扰因子)等。行进中的观察者只有在记录时才能停下来。一般在调查中所记录的鸟类,尤其是在繁殖期,借助鸣叫所记录的大多数是雄鸟,要乘以"2"才能代表雄鸟和雌鸟的密度。数据记录于专门的调查表格上(附表七)。

(6)重复次数:每一样线应至少调查 2 次,一般要求调查结果要达到记录研究地内所有鸟类的 75%~80% 及其以上。

5)实习步骤

(1)选取合适的样线,每 6~8 个学生为一组调查一条样线,在天气晴好的早晨或傍晚进行调查。

(2)以 1.5~3km/h 的行走速度,记录路线两侧 25m 或 50m 范围内所有看到和听到的鸟种及其数量,并记录栖息生境类型。不同学生之间分工进行观察、记录、拍照等。

(3)样线调查结束后,整理数据,统计鸟类种类、数量,并进行数据分析。

6)结果分析(作业)

(1)此样线的长度和宽度相乘即得调查面积,可计算出鸟类密度。计算每一样线的鸟类群落密度,并计算出所记录的每一鸟种的密度,找出分布密度最大的前 3 种鸟。试从生态学角度分析这几种鸟类在样线调查区的分布密度最大的原因。

(2)计算每一样线的 Shannon-Wiener 指数和均匀性指数。比较不同路线的鸟类物种多样性高低,并给以生态学意义上的解释。

(3)计算每条样线之间的 Jaccard 相似性系数,分析各样线之间不同相似程度的原因。

6.4.3.2 样方法调查两栖动物群落物种多样性

两栖动物多样性调查方法有样线法、样方法、栅栏陷阱法、人工覆盖物法、标记重捕法等。这里介绍较简便而常用的样方法。

开展调查之前,要根据不同物种的生境选择及生态特点,选择有代表性的调查样地。所选择的调查样地应操作方便,便于调查工作的开展。

调查工具有塑料桶、塑料布、广口瓶、卷尺、游标卡尺、镊子、照相机、GPS 定位仪、pH 计、电子秤、福尔马林、乙醇、脱脂棉等。

在调查样地内随机或均匀设置一定数量的样方,样方应尽可能涵盖不同的生境类型和环境梯度。样方一般设置为方形,大小可设置成 5m×5m 或 10m×10m。样方之间应间隔 100m 以上。每个观测样地的样方数应在 7 个以上。记录样方内见到的所有两栖动物种类和个体数量。依次翻开样方内的石块,检视石块下的个体(包括卵)。

在观测两栖类动物时,尽量不捕捉个体,但若为鉴定物种,可适当捕捉,经拍照、鉴定后原处放生,避免对动物个体生存造成大的影响。捕捉方法可在夜间用强光灯照射使两栖类动物暂时失明后徒手捕捉,对水中的两栖类动物可用抄网捕捉。调查时间为天气晴好的白天或夜间。

记录观察到的两栖动物种类、个体数、生活史阶段(幼体或成体)、生境类型(含人为干扰因子)等。

调查数据同样可进行种群密度、多样性、相似性等分析。

第7章 综合生态环境地质调查评价

7.1 脆弱地质环境与灾害

实习区发育的物理地质现象主要是由岩石风化、岩溶、高陡斜坡、水库蓄水、矿山采掘而引发的水土流失、岩溶塌陷、斜坡失稳、水库地震及"三废"污染等问题。

7.1.1 岩层风化与水土流失

实习区风化残留物厚度,以及地形、植被的不同,使得水土流失在不同地段有很大差别,出现不同程度的水土流失现象。表现突出者是结晶岩强烈风化作用,风化物质为疏松状态,砂土状及砂砾状碎屑,碎屑大小一般 2~10mm,大部分矿物严重风化变异,如长石变成高岭土、绢云母及绿泥石或蒙脱石,黑云母风化后变为蛭石或蒙脱石,角闪石绿泥石化,石英解体失去光泽等,风化层厚度一般 20~30m。在雨季,坡面流形成片状或浅冲沟形式的水土流失现象,平均侵蚀达 $5000t/km^2$。

在杂岩和酸性结晶岩风化地区,暴雨和急洪加剧重力崩坠,常导致局部崩土塌方,水打砂压,泥砂俱下。局部山高、谷峡低凹地段,由于内外排水渲泄不良,长期积水内涝则可能向山地沼泽草甸土的方向发展和演变,频繁的水分交替和循环,叠加在这类岩层风化壳和土壤之上(图 7-1),使土壤常显"砂""漏""爆""酸"的弊病和"两头多砂""更迭频繁"的特点,加剧了水土流失。调查区水土流失类型主要为水力侵蚀,由于面蚀涉及面积广,被侵蚀的多是肥沃的表土,既流失土壤,又损失肥力,因此水土流失是造成花岗岩区土壤地力、土地生产力降低的主要

图 7-1 过河口附近(左)、邓村落佛村一组(右)疏松闪长岩体风化壳剖面

因子之一。据调查,张家冲小流域2003年水土流失面积为0.97km²,占土地总面积的60%,其中轻度流失0.241km²,占流失总面积的24.8%,中度流失0.495km²,占50.9%,强度流失0.08km²,占8.2%,极强度流失0.156km²,占16%。土壤侵蚀总量达到6705t/a,水土流失十分严重(马传明和周建伟,2014)。

7.1.2 岩溶、斜坡失稳与相关工程灾害地质问题

实习区岩溶现象发育,常见岩溶地貌形态有岩蚀峡谷、峰林、峰丛、洼地、漏斗、溶洞、地下暗河、落水洞、溶蚀槽隙等。由于碳酸盐岩成分不同,结构构造及地质条件等差异,导致岩溶发育速度及强度的差异,因而空间上岩溶发育存在较大差别。与岩溶有关的工程地质问题有:①坑道岩溶突水,当采煤平硐揭穿有水溶洞时,引起突然的涌水现象;②岩溶地面塌陷,地下存在大面积溶空区,在地下水等作用下,产生较大面积的地面下沉塌落现象。如秭归扬林区1975年8月9日~17日因岩溶塌陷产生地震,地震台观测1.0~1.9级地震6次,2.0~2.1级地震3次。据群众反映,类似塌陷在50年及30年以前也发生过。

实习区长江、清江等深大河谷发育,加上交通公路开挖,形成大量高陡斜坡地貌,加之特定地段岩性、构造等条件配合下形成大量崩塌、滑坡体。斜坡失稳类型有堆积土层崩滑体和基岩崩滑体,有顺层发育的也有切层发育的,规模有大有小,较大规模者达12 500×10⁴m³左右。结合三峡水库的建设,已对大量不稳定崩滑体采取了防治工程。三峡库区二、三期治理工程中,对其中危险性大的滑坡、危岩体及库岸进行了治理。实习区内主要有新滩滑坡、中心花园滑坡、金钗湾滑坡、聚集坊崩塌危岩体、凤凰山库岸、上校仁库岸、狮子包滑坡、链子崖危岩体(图7-2)等。比较大的滑坡有:新滩滑坡,体积3000×10⁴m³;树坪滑坡,体积2360×10⁴m³;范家坪滑坡,体积12 500×10⁴m³。

图7-2 知名的新滩滑坡(左)与链子崖危岩体(右)

7.2 实习区主要生态环境地质问题

实习区位于三峡工程影响范围之内,三峡工程及其相对应的环境问题对该区的环境保护和治理产生了重大的影响。同时,该区的地理地质条件以及社会经济状况又使得该区环境具有特色,共性中有特性。秭归环境现状与环境问题简介如下。

7.2.1 人地矛盾突出

三峡工程建设淹没秭归县耕地达 36 960 亩(1 亩=666.67m^2),并且都是沿江肥沃的地带。同时城镇搬迁,基础设施复建,移民后靠搬迁又占用了部分耕地,加上地质灾害的破坏,使全县的耕地骤减。人均耕地占有量 0.91 亩,比全国人均耕地占有量 1.41 亩还少 0.5 亩,距离联合国粮农组织提供的安全警戒线 0.82 亩相差仅 0.09 亩。

7.2.2 水土流失严重

由于水力、重力、人为侵蚀的加剧,秭归县水土流失十分严重。流失区主要集中在紫色岩区和花岗岩区,流失面积占全县水土流失总面积的 70%以上。每年水土流失造成推移坡脚、河谷、江河的泥沙达 352.1×10^{4}t,营养物质损失达每年 97.8×10^{4}t 以上。据 2001 年卫星遥感解译,全县有水土流失面积 1253.51km^2,占全县总面积的 51.64%,其中轻度流失面积 725.08km^2,占流失总面积的 57.84%;中度流失 457.18km^2,占 36.47%;强度流失 69.29km^2,占 5.53%;极强度流失 1.96km^2,占 1.56%。流失面积中,坡耕地和荒地占 40.32%;疏幼林地占 59.68%;年水土流失量达 420.8×10^{4}t,侵蚀模数为每平方千米 3150t/a。流失区主要集中在紫色岩区和花岗岩区,流失面积占全县水土流失总面积的 70%以上。每年水土流失造成推移坡脚、河谷、江河的泥沙达 352.1×10^{4}t,营养物质损失达每年 97.8×10^{4}t 以上。

7.2.3 资源开发利用问题

秭归县拥有良好的水能与矿产资源,长江干流穿越境内 64km,一级支流 8 条,二级支流 135 条,水能资源蕴藏量 52.37×10^{4}kW,可开发量 13.36×10^{4}kW,实际开发仅有 7.1×10^{4}kW。秭归勘探、开采的矿产资源有近 10 种。在矿产资源和水力资源的开发利用中,由于部门条块分割、各自为阵,没有形成规范的审批程序,还普遍存在部分经营户违法开采,盲目追求经济效益,不顾资源浪费,生态破坏和环境污染,造成管理无序、资源浪费。矿山企业普遍存在着设备简陋、经营粗放、破坏和浪费资源、污染环境等问题。

7.2.4 "三废"污染问题

全县年排放废水 2113.5×10^{4}t,生活垃圾年排放量为 56 210t,年产生工业固体废物 25.3×10^{4}t。由于现有污染治理设施严重不足,且均未得到有效处理。全县现在仅县城有废水处理厂和垃圾填埋场各一座,废水处理达标率低;生活垃圾、工业固体废物处理率低,随意堆放、倾倒现象普遍,造成环境质量低下。

7.2.5 地质灾害频发

长江等深大河谷发育,加上交通公路开挖,形成大量高陡斜坡地貌,加上特定地段岩性、构造等条件配合下形成大量崩塌、滑坡体。类型有堆积土层崩滑体和基岩崩滑体,有顺层发育的也有切层发育的,规模有大有小,较大规模者达 12 500×10^{4}m^3 左右。有的处于稳定状态,有的不稳定。结合三峡水库的建设,已对大量不稳定崩滑体采取了防治工程。据统计,三峡库区秭归县有 40 多个滑坡,总体积约 4.9×10^{8}m^3(周平根和欧正东,1997)。

7.3 人类活动对坝区生态环境的影响评价

长江三峡水利枢纽工程分布在长江干流上,坝址位于宜昌市夷陵区三斗坪,并和其下游的葛洲坝形成梯级调度电站,是开发治理长江的骨干工程项目。三峡工程的兴建,对长江流域的防洪、航运、供水、能源以及经济发展都具有非常重要的意义。与此同时,由其引发的自然和生态环境问题备受瞩目。

7.3.1 三峡工程主要效益

7.3.1.1 防洪效益

自古以来,长江中下游水患频发,给人民生命财产造成严重影响。三峡工程建成后,三峡水库的防洪库容高达 $221.5 \times 10^8 m^3$,荆江河段的防洪标准提高到 100 年一遇。三峡水库调蓄再配合分洪区合理运用,可控制沙市水位不超过 44.5m,抵御千年一遇的特大洪水。三峡建坝后多年的平均防洪效益达到 76×10^8 元。三峡工程不仅保障了荆江两岸江汉平原和洞庭湖平原的行洪安全,也有效减免了洪涝灾害给长江中下游的生态环境造成的严重破坏。

7.3.1.2 发电效益

发电效益包括经济效益和环保效益。三峡电站总装机容量为 $22\,500 \times 10^4 kW$,年平均发电量为 $882 \times 10^8 kW \cdot h$,不仅缓解了全国缺电形势,同时促进了全国电力联网效益。经济上,每年支撑社会总产值约 5600×10^8 元,促进了区域经济发展。此外,正常年度年发电量达 $847 \times 10^8 kW \cdot h$,相当于燃烧原煤 $5000 \times 10^4 t$,与火电站比较可减少 CO_2 排放 $1 \times 10^8 t$,减少 SO_2 排放 $200 \times 10^4 t$,减少 CO 排放 $1 \times 10^4 t$,减少 NOx 排放 $37 \times 10^4 t$,以及各种废渣、降尘等,大大减少了污染物的排放。

7.3.1.3 航运效益

三峡蓄水建闸后,明显改善了上游河道的川江通航条件,可改善航道里程 $570 \sim 650km$。库区航道年单向通过能力由 $1000 \times 10^4 t$ 增加到 $5000 \times 10^4 t$,万吨级船队可由武汉直达重庆,船舶的运输成本也可降低约 36%,有利于西南地区的经济发展和长江航运事业的繁荣。

7.3.1.4 其他效益

三峡水库通过对长江下游流量的调节,可将枯水期宜昌以下河道的流量增加 $1000 \sim 2000 m^3/s$。这不仅有利于沿江居民供水、缓解中下游旱情,也极大改善了长江中下游枯水期的通航条件。此外,三峡工程在南水北调的过程中发挥了巨大作用,并对发展库区的旅游、灌溉等效益有着积极的作用。

7.3.2 三峡工程对水环境影响

三峡水利工程很大程度上改变了长江多年的水文形势,包括水质特征、泥沙特性及河流的动态,如中下游径流和输沙量的变化、大坝下游冲刷和水势演变、河口径流与潮汐作用等,对中下游径流和输沙过程有一定的调节作用,同时也带来了一系列水环境问题。

7.3.2.1 水文

三峡建库后,大坝上游的河谷变为水库,且受全球气候变暖影响,年径流量总体呈降低趋势。三峡水库采用"蓄清排浑"的运行方式季节性调节水库,蓄水期下泄流量降低,水位降低;枯水期泄流量增大,下游河床受到严重的清水冲刷,同流量水位降低。由于冲积物发生改变,下游的河岸、河床、三角洲、入海口及海岸线的形态也发生变化,河势变迁。此外,水库运行后,水面抬高加宽,沿江部分文物古迹将被淹没,三峡部分自然景观遭到破坏。

7.3.2.2 泥沙冲淤

长江中下游受入库口来水来沙影响较大,属于冲积型河流,自然条件下河床冲淤变化频繁,对长江中游平原湖区低洼农田土壤潜育化、沼泽化有一定影响,重庆江段泥沙淤积导致给排水设施受到破坏。监测结果表明,三峡大坝上游的来沙量呈阶段性减少趋势,输沙量也减少了约1/3。泥沙量减少的主要原因有三峡水库上游修建更多水库拦沙淤积、水土保持措施的减沙作用、水库调节作用以及河道人工采砂等。

7.3.2.3 水质

三峡水库蓄水后,干流水质持续良好,水质稳定在Ⅱ～Ⅲ类,偶尔有石油类超标现象。但是,由于水流速度变缓,水体自净能力降低,导致支流回水区、库湾等局部水域呈富营养化状态,且发生"水华"现象的频次和范围都在增加。此外,库区工业和生活废水年排放量已超过 1042×10^4 t,沿江城镇的局部江段已形成了较严重的污染带,若不加强污染源治理,局部水域的污染将加重。

7.3.3 三峡工程的生态影响

7.3.3.1 局地气候

三峡工程自 2003 年蓄水以来,对库区局部气候有一定的影响。三峡库区年平均气温增加 0.2～0.4℃,冬季月平均气温升高 0.3～1.0℃,夏季月平均气温下降 0.9～1.2℃。水库沿岸背风地段的降水量有所降低,上空气流迎风地段降水量略有增多,区内年平均降水量增加 3～5mm。库区蓄水后形成大面积的高位湖泊,使蒸发量有上升的趋势。此外,三峡库区各地的雾日在蓄水后呈现一致的显著减少现象,这与环境影响报告书预测相反,需加强监测分析。

7.3.3.2 环境地质

三峡水库的存在对地质构造会产生影响,使结构不稳定,会引起震级为 0.5～1.0 的微震。三峡工程采用"蓄清排浑"的运行方式,会略微增加地震的频度和强度,但仍以微震为主,不会超过三峡工程所预计的震级 5.4～6.1 级。三峡库区地震活动最薄弱的地段仍将是坝前长为 16km 的结晶岩地段。

7.3.3.3 土地利用

三峡工程兴建和蓄水前后,库区土地利用类型的面积变化如表7-1。水域大面积增加,陆地面积则相应减少了,草地和水田面积锐减,建设用地面积大幅度增加。由于对天然林的保护,森林面积总量增加,但三峡地区植被整体处于退化状态。

表7-1 三峡库区蓄水前后土地利用结构变化　　　　　　　　　单位:100km²

时间(年)	水田	旱地	林地	草地	水域	建设用地	荒地
1995	69.67	152.71	273.83	74.14	8.19	4.14	0.1
2000	69.66	152.68	273.36	74.04	8.23	4.73	0.09
2008	62.42	153.11	283.46	65.65	10.24	7.84	0.05
1995—2000	−0.01	−0.03	−0.47	−0.10	0.04	0.59	−0.01
1995—2008	−7.25	0.40	9.63	−8.49	2.05	3.70	−0.05

(数据来源:据沈国舫,2010)

7.3.3.4 生物多样性

三峡水库建成后,成为中国最大的人工湿地。据2007年三峡环境监测公报表明,三峡库区植被整体上处于退化状态,约有300种陆生植物受库区淹没影响,其中包括6种珍稀濒危植物,分别是疏花水柏枝、荷叶铁线蕨、宜昌黄杨、巫山类芦、巫溪叶底珠和鄂西鼠李(田自强等,2007)。此外,库区藻类物种数、密度和生物量都在明显增加,对支流影响较大。三峡工程的兴建,对库区动物种类影响不大,但库区实行林业工程对保护陆栖野生脊椎动物的栖息地、恢复种群数量具有重要意义。傍水栖息鸟类总体数量下降,蓄水后大部分崖沙燕的繁衍地被淹没。渔业由于水库养殖水面扩大而产量增多,鱼的种类自2003年以来在缓慢增加,但个别珍稀鱼类繁殖受到影响,如白鳍豚和中华鲟等十分濒危,特别是10月份蓄水对中华鲟繁殖地造成严重影响。

7.4 生态环境保护和重建对策研究

三峡工程的兴建和运行改变了库区的生态环境,生态环境是可持续发展的物质基础,我们应协调好人与自然的关系,在保持经济发展持续稳定的同时,保证自然资源与生态环境的可持续发展,实现三峡库区生态环境与经济社会协调发展。

7.4.1 加强生态环境保护

7.4.1.1 控制水污染与保护水环境

必须认真落实以下工作内容:

（1）严格控制污水排放标准，未达标污水禁止直接排入江河。工业污水和生活污水必须处理达标后才能排放，为此应建立集中和专用处理污水工厂，积极实行清洁生产和技术进步，以及加快建设城镇污水处理设施。

（2）设立垃圾收集站或固定的垃圾堆放场所，所有垃圾必须做到无害化处理，保证库区的水质安全。

（3）全面治理船舶污染，应设立船舶生活污水集中处理工程、废弃物接收工程以及化学危险船舶洗舱基地。

（4）加强水土保持措施，控制化肥农药的使用量，采用绿色肥料，大坝上游一定范围内严禁捕鱼和停船等引起污染的活动。

7.4.1.2　生物多样性保护

库区陆生植物多样性保护可建立珍稀濒危植物保护点、古大珍奇树种保护和景观生态自然保护区。水生生物物种保护拟建立4个自然保护区，包括半自然保护区（1个）和人工繁殖放流站（3个）。禁止一切采挖或捕杀野生动植物的违法行为，提高保护区的管理水平及生物安全管理能力。

7.4.1.3　强化水土保持

国家水土保持措施表明，大于25°的坡耕地要退耕还林，小于25°的坡耕地改为梯田，不要在雨季和种植季节开垦荒地和进行低产田改造，且低产田改造时应积极修建拦沙坝、排水沟等农田水利设施。此外，还应大力推广农村沼气建设。

7.4.2　发展生态型经济

治理三峡退化的生态环境，要以经济需求为动力，通过产业化渠道，运用现代科学技术，加快完善社会基金投资体制，积极吸收社会资金、科研人才及技术优势投入到库区生态环境保护与重建。

7.4.2.1　生态农业

解决三峡地区生态环境问题的关键是转变库区传统的农业生产方式，通过调整农业产业结构，改变传统的耕作方式，推进生产技术和新优品种，推行高效率、可持续、低污染的生态农业发展。将粮食生产与多种经济作物相结合，种植业与林、牧、渔、副业等相结合，大农业与中小产业相结合，发挥现代科学技术和传统农业的优势，发展生态农业园，带动农业现代化，最终实现三峡库区生态环境保护、可持续发展农业以及经济效益提高的目标。

7.4.2.2　生态旅游

长江三峡旅游资源丰富，大力发展生态旅游，能有效防止三峡脆弱的生态系统进一步退化，充分安置移民及闲置的劳动力，提高当地经济社会效益。通过加快完善景区配套基建设施、发展旅游配套产业、打造高品质旅游产品等促进旅游业发展，加强生态文明建设。

7.4.3 管理制度改革

7.4.3.1 实施资源与生态环境一体化管理

在三峡库区建立统一的资源环境协调管理机构,同时具有资源开发利用和生态环境保护的双重功能,实现三峡库区资源与环境一体化综合管理。

7.4.3.2 建立资源生态环境有偿使用与补偿机制

通过经济杠杆对三峡地区的资源和生态环境进行保护性开发,对资源性产品制订合理的价格,能够有效减少库区资源开发强度大、资源性产品价格低下等一系列问题。

7.4.3.3 加大生态与环境保护执法力度

三峡库区应制定切实可行的生态环境保护相关法律法规,并加大执法力度。与此同时,积极推行有效的生态灾害预防机制,将管理与立法紧密结合,使生态环境保护与重建任务走向规范化、制度化、法制化。

7.5 秭归历史文化与三峡工程

7.5.1 秭归历史与文化

秭归属楚文化发源地,历史悠久。《归州志》有云:"州虽僻壤,但东通吴会,西接重夔,南达荆郢,北抵襄樊,洵所谓重地之咽喉,长江之锁钥也。"

秭归人杰地灵,文化灿烂。据长江三峡考古发掘资料表明,在距今7000年以前,长江和香溪等支流沿岸就有人类定居生活。殷商时代为归国所在地,至今已有3200年的文字史。战国时期,秭归诞生了伟大的爱国诗人屈原。汉代,中国四大美人之一的王昭君也出生于香溪河畔。西汉元始二年(公元前205年),置秭归县,缘其地为楚三闾大夫屈原之故乡。1949年,中华人民共和国成立后,仍名秭归县,隶属宜昌地区。

秭归是屈原的故里,是龙舟运动的发祥地,旅游资源富集。集名人(屈原、王昭君)、名峡(西陵峡)、名坝(三峡大坝)、名湖(高峡平湖)于一体,自然山水、人文景观、优秀的民间文化交相辉映,拥有长江三峡风景、三峡水电工程、屈原祠等世界级的旅游资源。

7.5.2 长江三峡

长江是我国第一大河,全长6300余千米。长江三峡为中国十大风景名胜之一,中国四十佳旅游景观之首。长江三峡是西陵峡、巫峡、瞿塘峡三段峡谷的总称,是长江上最为奇秀壮丽的山水画廊。

长江三峡东起宜昌,西到重庆市奉节,全长192km,也就是常说的"大三峡"。除此之外还有大宁河的"小三峡"和马渡河的"小小三峡"以及"神农溪"。这里两岸高峰夹峙,港面狭窄曲折,港中滩碛棋布,水流汹涌湍急。两岸陡峭连绵的山峰,一般高出江面700~800m。江面最狭处有100m左右。《水经注》曰："自三峡七百里中,两岸连山,略无阙处。重岩叠嶂,隐天蔽日。自非亭午夜分,不见曦月……"郭沫若也在《蜀道奇》一诗中写道："万山磅礴水泱泱,山环水抱争萦纡。时则岸山壁立如着斧,相间似欲两相扶。时则危崖屹立水中堵,港流阻塞路疑无。"

长江三峡一路崇山峻岭,悬崖绝壁,风光奇绝,自古就是旅游胜地。随着规模巨大的三峡工程的兴建,这里更成了世界知名的旅游热线。

瞿塘峡以雄伟险峻著称,巫峡以幽深秀丽驰名,西陵峡以滩多水急闻名。这三段峡谷,又分别由大宁河、香溪、庙南三段宽谷所间隔。在宽谷里,江面开阔,地势迂缓,紧贴江岸处分列着一方方台地。这里气候温和、土地肥沃,是三峡中的主要农耕地带。巫山、巴东、秭归等老县城都坐落在宽谷的坡地上。

三峡之美,在于"雄险奇幽"四字。这里无峰不雄、无滩不险、无洞不奇、无壑不幽,无一处不可以成诗,无一处不可以入画。山、水、泉、林、洞相映成趣。大自然亿万年的精心杰作,为我们呈现了举世罕见的壮丽景观。壮丽的山川之中,曾经闪耀着大溪文化的异彩,诞生过伟大爱国诗人屈原和千古才女王昭君。三国时代,这里曾是吴蜀相争的古战场。唐宋以来,李白、杜甫、白居易、刘禹锡、范成大、苏轼、陆游等许多诗圣文豪,在这里写下许多千古传颂的诗章。

7.5.3 三峡水利枢纽

不管你持何种观点,都不得不承认,长江三峡是自然给予中国的一个极为耀眼的礼物,她的壮丽、她的魅力吸引着无数人的目光,当然还有她那让无数水电专家难以抗拒的优异的坝址条件、无穷无尽的电能、对中游平原防洪能力的增强以及为中华人民共和国经济所能提供的巨大无比的利益与推动力。在这个名单上,我们看到了孙中山、毛泽东等伟大的名字,也看到了萨凡奇、林一山、李锐等足以在三峡大坝上留下名字的水电专家。而林一山和李锐之间的争论也足以留名青史。

三峡水利枢纽建设的争论随着1994年的开工仪式仿佛已经尘封于历史博物馆的档案袋里,然而这场争论所引起的余波还远远没有平息,仍有很多人以忧郁的目光注视着这座巨无霸工程。

无论如何,到1992年正式决定动工建设,这个梦想70余载、勘查50多年、论证40个春秋的盖世工程——中国长江三峡水利枢纽工程,经历了70多年漫长的风风雨雨后,正缓缓舒开她那宽广坚实的钢筋水泥臂膀。当她睁开眼睛俯视中国大地的时候,全世界都会感受到她那耀眼的光芒(图7-3)。

三峡水利枢纽工程大事记:

1919年,孙中山先生在《建国方略之二——实业计划》中谈及对长江上游水路的改良,最早提出建设三峡工程的设想。

1932年,中华民国国民政府建设委员会派出的一支长江上游水力发电勘测队在三峡进行了为期约两个月的勘查和测量,拟定了葛洲坝、黄陵庙两处低坝方案。这是中国专为开发三峡水力资源进行的第一次勘测和设计工作。

1944年,美国垦务局设计总工程师萨凡奇到三峡实地勘查后,提出了《扬子江三峡计划初步报告》,即著名的"萨凡奇计划"。

1950年初,国务院长江水利委员会正式在武汉成立。

图 7-3 三峡水利枢纽工程

  1970 年 12 月 30 日,作为三峡总体工程一部分的葛洲坝工程开工。

  1986 年 6 月,以钱正英为组长的三峡工程论证领导小组成立了 14 个专家组,进行了长达两年八个月的论证。

  1989 年,长江流域规划办公室重新编制了《长江三峡水利枢纽可行性研究报告》。报告推荐的建设方案是:"一级开发,一次建成,分期蓄水,连续移民",三峡工程的实施方案确定坝高为 185m,蓄水位为 175m。

  1992 年 4 月 3 日,七届全国人大第五次会议通过《关于兴建长江三峡工程的决议》,决定将兴建三峡工程列入国民经济和社会发展十年规划。

  1993 年 1 月,国务院三峡工程建设委员会成立。

  1994 年 12 月 14 日,三峡工程正式开工。

  1997 年 11 月 8 日,大江截流成功。

  2003 年 7 月 10 日,三峡首台机组并网发电,滚滚江水化为强大的动力注入中国经济。

第8章 野外实习教学路线介绍

8.1 路线1 三峡植物园与宜昌中华鲟园路线

8.1.1 路线

基地→三峡植物园→宜昌中华鲟园→基地。

8.1.2 位置

植物园、中华鲟园;GPS坐标:N 30°43′31″,E 110°54′36″;海拔:379m。

8.1.3 教学内容1

三峡植物园从川东鄂西地区引进各类珍稀濒危植物顺利完成定植工作,建有木兰专类、水生植物专类园、水杉景观林、水源大坝、珍稀濒危特有植物展示区。珍稀濒危特有植物展区占地 0.01km^2,分为56个专类植物小区,收集以三峡地区珍稀濒危特有为主的植物共40科69种近3000株,其中国家一级保护植物包括珙桐、水杉、秃杉、南方红豆杉、银杏、伯乐树、光叶珙桐7种;国家二级保护植物有宜昌楠、连香树、鹅掌楸、篦子三尖杉、凹叶厚朴等19种,还有秤锤树、伞花木、水青树、银鹊树、天师栗、鄂枫杨、野胡桃、血皮槭、竹叶楠、对节白蜡、大叶细辛、野黄桂、崖花海桐、利川楠、闽楠、金钱槭、宜昌木姜子、浙江楠、长阳十大功劳等60多个品种的树种;还保存有三峡地区代表性特有植物疏花水柏枝、荷叶铁线蕨、丰都车前、宜昌黄杨。三峡植物园在抢救保护三峡地区珍稀濒危特有植物资源领域,在建立具有优美的园林外观和科学内涵的植物园方面有突破。

8.1.4 教学内容2

中华鲟研究所位于宜昌市夷陵区黄柏河江心岛上,占地 0.12km^2,是国内唯一一家保护国家一级保护动物中华鲟的专业科研机构。自1982年建所以来的30年时间里,累计人工繁殖并向长江中放流多种规格的中华鲟近500万尾,有效地补充了中华鲟的种群数量,使中华鲟这一珍稀物种不因葛洲坝工程和三峡工程的建设阻断其洄游通道而灭绝。在中华鲟人工繁殖保护过程中,中华鲟研究所共取得了省部级以上科研成果30项;形成了一整套关于中华鲟人工繁殖保护方面的操作技术规程,培养了一批在中华鲟保护方面的中青年专业人才。此外,中华鲟研究所还积极探寻对长江中其他珍稀鱼类的保护,开展了对国家二级保护动物胭脂鱼的人工繁殖,累计繁殖放流胭脂鱼1万多尾,成熟地掌握了胭脂鱼的人工繁殖技术。与此同时,中华鲟研究所始终坚持科研繁殖保护和宣传保护相结合,努力提高人们的环保意识与关注生态平衡的危机意识,积极地开展科普教育工作。在此基础上,1993 年中华鲟研究所成立了以中华鲟为主要参观内容的旅游公司,近 10 年的时间里接待中外游客近 200 万人,创收近千万元,取得了巨大的社会效益和经济效益。党和国家领导人及中央有关部委的主要负责同志多次到中华鲟研究所参观视察,充分肯定了中华鲟研究所在中华鲟等长江珍稀鱼类保护工作中取得的成绩。

8.2 路线 2 泗溪生态园地貌、植被观察路线

8.2.1 路线

基地→泗溪生态园→基地。

8.2.2 位置

泗溪生态园;GPS 坐标:N 30°43′31″,E 110°54′36″;海拔:349~1031m。

8.2.3 教学内容 1

泗溪小流域位于秭归县东部,因大溪、小溪、顺阳溪、芭蕉溪 4 条小溪得名。距三峡工程和秭归新县城 12km,总面积 20km²。泗溪自然景观融山、水、竹、树、洞、瀑为一体。泗溪山景奇特,有玉兔峰、枫竹岭、金鸡报晓、人与佛等自然景观。泗溪水景优美,竹海浴场泛竹排,藤桥上面看怪水,碧水长阶赏水花,土地岩边找迷泉。泗溪的竹为全国之最,有竹字竹、筇竹、斑竹、撑麻青竹、实心竹、金镶玉竹、糙花少穗竹、阔叶箬竹、黄槽刚竹、高节竹等 200 多个品种,面积 10 000 多亩。境内的三吊水瀑布(现为五叠水瀑布)落差高达 389m,分 3 级飞流直下,雾气冲天,彩虹横跨。这里有猕猴、野山羊、穿山甲等数十种野生动物。

1998 年该区作为宝塔河流域的一部分纳入"长治"五期工程治理。在治理中,始终坚持保护性开发方式,突出生态效益,充分依靠大自然的自我修复能力加快植被建设。一是对现有林地实行封禁管护,封禁管护面积达 1.5 万亩。二是对流域内陡坡耕地实施退耕还林还草,面积为 750 亩。三是对流域内的 60 多户农民实行生态移民,安置到二、三产业。四是建成了大溪、小溪和芭蕉溪 3 片竹海,发展竹园 2000 亩,品种达 206 种。五是流域内的一些基础设施建设坚持依山就势,尽量减少人为破坏,突出生态旅游特色。六是引进民营资本开发建设,流域区是由秭归金山实业有限公司投资开发的。

黄陵岩体花岗岩 8 亿年前形成,长时间风化、侵蚀呈现圆丘状,球形风化。莲沱组、陡山沱组岩性(砂岩、泥岩等)较软,易侵蚀,形成低缓丘陵地貌。而灯影组、覃家庙组、娄山关组等以白云岩、灰岩为主,抗风化能力强,易形成陡崖地貌和岩溶地貌岩溶障谷、石柱、天坑(落水洞径大于 100m)。泗溪岩溶水调查,参观鱼泉洞、迷宫泉、五叠水瀑布等。鱼泉洞泉发育在寒武系地层中,渗流途径较短,流量变化比较大,一般为 0.0005~2m³/s,与当地降水的关系极为密切;洞内有沉积的细粒土。泉水的总体化学特征:温度为 13~24℃,电导率为 280μs,pH 值为 6.55,矿化度为 0.223g/L,水化学类型为重碳酸钙镁型。迷宫泉发育在寒武系地层中,水来自

岩溶管道，渗流途径比较长，流量为 0.5～5m³/s；泉水的总体化学特征：温度为 10～18℃，电导率为 301μs，pH 值为 6.52，矿化度为 0.208g/L，水化学类型为重碳酸钙镁型。五叠水瀑布，发育在泗溪的支流——大溪，位于泗溪景区最南端，所处地形似天坑，坑底海拔 349m，最高峰达 1031m。

8.2.4 教学内容 2

植物多样性调查，自公园入口进入竹园开始记录植物多样性，可见长果安息香、银鹊树、榔榆、光皮桦、茅栗、五裂槭、木姜子、长叶石栎、香果树、毛黄栌、华南云实、小叶楠、水丝梨、泡花树、中华青荚叶、地枇杷、水麻、荚蒾、绣球、四块瓦、穗序鹅掌柴、南天竺、安石榴、金弹子、月月清、香青、鹅肠菜、淫羊藿、冷水花、油点草、接骨草、蘘菜、鹅毛竹、草坪竹、凤尾竹、美丽箬竹、木竹、石菖蒲、对马耳蕨、水龙骨、贯众、单芽狗脊蕨、井栏边草、粗榧等。

8.2.5 教学内容 3

亚热带山地常绿、落叶、针叶混交林，竹林，观察沿河周边不同地形地貌山体植物群落类型及其组成变化，认识群落的组成和结构，学会辨析优势种和建群种，尝试给不同群丛命名。

8.3 路线3 秭归夔龙山森林公园观察路线

8.3.1 路线

基地→夔龙山森林公园→基地。

8.3.2 位置

夔龙山森林公园；GPS 坐标：N 30°56′12″，E 110°47′35″，海拔：448m。

8.3.3 教学内容

该教学内容包括：①植物多样性调查；②植物群落类型调查。

夔龙山森林公园位于秭归县城区内（实习站后），师生步行 10 分钟，主要调查夔龙山森林公园植物多样性和群落类型，可见茅栗、枹栎、马尾松、槲栎、锥栗、白檀、小果蔷薇、构树、花椒树、盐肤木、小苎麻、刺五加、菝葜、紫藤、油桐、毛黄栌、络石、椴子、马桑、小叶木通、五节芒、醉鱼草、乌桕、南蛇藤、乌蔹莓、华南云实、六月雪、柞木、铁线蕨、化香、绣线菊、红叶李、石楠、酢浆草、杜仲、高粱泡、莎草、枫杨、楤木、八棱麻、麦冬、檵木、金荞麦、香青、商陆、龙葵、中华蚊母、紫薇、金弹子、栾树、鹅掌柴、小叶青广玉兰、丝兰、虎杖、白栎、山莓、油点草、紫萁、鸭趾草、华中樱桃、地枇杷、薏米、多脉青冈、水麻、枫香、青冈栎、井栏边草、野山茶等。

8.4 路线4 邓村山地次生植被、库区消落带植被调查

8.4.1 路线

基地→太平溪镇→邓村东→库区消落带→基地。

8.4.2 位置

位置1：邓村东新修三岔路口(42～43km处)；GPS坐标：N 30°57′33″，E 110°59′24″；海拔：1100～1200m。

位置2：太平溪镇(花栗包村)消落带植被恢复试验区；GPS坐标：N 30°52′45″，E 110°58′11″；海拔：175m。

8.4.3 教学内容

8.4.3.1 观察基岩风化壳剖面及山地棕黄壤剖面

了解该地区典型基岩风化壳剖面土壤发生层次，野外识别各个层次的物理、化学、生物特征，同时调查其上植物多样性。该路线可见荚蒾、溲疏、菝葜、绣球、酸模、华中山柳、泡桐、檫木、小叶榕、披针叶胡颓子、威灵仙、短柄枹栎、一把伞南星、橐吾、大叶杨、白背叶、映山红、满山红、紫萁、蕨菜、青榨槭、石栎、石灰花楸、木姜子、琴叶榕、香果树、灯台树、香果树、五味子、龙胆科、亮叶桦、枫香、繁缕、柴胡、胡颓子、棠梨、卫矛、独行菜、过路黄、醉浆草、鹅耳枥、稠李、灯台树、四照花等。

8.4.3.2 植被生态调查：种群年龄与分布格局，群落样方调查与命名

考察三峡库区消落带人工湿地植被恢复工程，了解消落带的概念及其研究意义。

8.5 路线5 高家溪砂岩风化区植物种群、群落生态调查路线

8.5.1 路线

基地→高家溪→石板村→基地。

8.5.2 位置

高家溪雾道河上游265m处石板村。

8.5.3 教学内容

8.5.3.1 植物多样性调查

本路线可见秤锤树、锐齿槲栎、苦槠、油点草、漆树、木姜子、化香、枫香、白檀、杉树、侧柏、野鸦椿、悬钩子属、楤木、小果蔷薇、芒萁、香青、五节芒、红蓼、卷柏、蕙兰、春半夏、海金沙、苦苣菜、老鹳草、泥胡、金樱子、菝葜、垂盆草、酸模、马桑、水马桑、单芽狗脊蕨、油桐、青麸杨、山莓、白背叶、铁芒萁、婆婆纳等植物。

8.5.3.2 群落样方调查

群落样方调查主要调查砂岩风化地貌区亚热带低山常绿、落叶、针阔叶混交林（次生林）与群丛命名。

8.6 路线6 月亮包金矿尾矿地植物群落与环境调查路线

8.6.1 路线

基地→野木坪→月亮包→基地。

8.6.2 位置

月亮包村边。

8.6.3 教学内容

8.6.3.1 背景资料

月亮包金矿是秭归金山实业有限公司属下的小型金矿。矿区位于秭归县茅坪镇南西15km的木坪乡月亮包村拐子沟附近。矿区面积约2.15km^2，为中低山区，最大地形标高1060m，最低地形标高500m，山势起伏大，西高东低，沟谷发育。处于黄陵背斜之西南缘的太平溪岩体。矿区内广泛分布闪长岩，发育花岗岩脉、辉绿岩脉等，闪长岩为浅灰—灰色，中粗粒结构，块状构造，主要矿物为斜长石、角闪石和石英，斜长石含量一般为50%～55%，角闪石含量15%～20%，石英含量5%～10%。金矿主要分布于成矿断裂带的石英脉中，含金石英脉分布在三斗坪-茅坪-拐子沟一带，成矿断裂带走向310°～345°，倾向北东，高倾角，延伸长度几十米至百余米不等。拐子沟区主要矿体有8条左右，石英脉沿断裂带呈扁豆状或透镜状断续产出，脉体厚0.1～0.4m不等，薄者几厘米，最厚达1m多，含金品位高。经提炼后的尾矿浆液在排入尾矿库前必须进行处理，避免对环境带来危害。尾矿浆中除了含长石、石英、角闪石等矿物外，还含有害污染物CN$^-$和重金属离子Cu^{2+}等，CN$^-$为剧毒物质。金矿矿石加工过程中产生的尾矿渣生态环境问题有待调查。

8.6.3.2 植物多样性调查

调查尾矿库周边植物多样性,可见蜈蚣草、紫萁、马尾松、杉树、栎树、灯台树、锥栗、枫杨、油柿子树、皂角树、亮叶桦、米心水青冈、野鸦椿、水马桑、椴木、五味子、野葡萄、金荞麦、半夏、葛藤、醉鱼草、三叶草、羊蹄、高粱泡、胡枝子属、节节草、灯芯草、苊草、五节芒、金银花、南蛇藤、委陵菜、风轮菜、翠雀花、紫花苜蓿、火焰草等。

8.6.3.3 群落分布与重金属污染的关系

调查尾矿库一、二号池内耐污染植物类型、群落盖度及其分布、长势等与土壤重金属污染的关系,分析尾矿库污染对植物和水土环境的影响。

8.7 路线7 三峡链子崖、新滩地质灾害与植被分布调查路线

8.7.1 路线

基地→链子崖→基地。

8.7.2 位置

链子崖危岩体和新滩滑坡。

8.7.3 教学内容

8.7.3.1 了解地层

覃家庙组($\epsilon_2 q$)白云岩;娄山关组($\epsilon_3 - O_{1l}$)灰色厚层白云岩、白云质灰岩,含燧石结核;宝塔组($O_2 b$)泥质灰岩、龟裂灰岩;罗惹坪组($S_2 lr$)灰绿色页岩夹粉砂岩;黄家磴组($D_3 h$)紫红色石英砂岩夹页岩及铁矿;栖霞组($P_1 q$)含燧石结核疙瘩状夹钙质灰岩;茅口组($P_1 m$)以灰岩为主,含燧石结核;吴家坪组($P_2 w$)砂岩、页岩夹煤层相变为含燧石结核灰岩等。

8.7.3.2 了解链子崖危岩体和新滩滑坡成因与灾害

在神秘的北纬30°线上,有一座布满裂缝的大山壁立大江,这就是名闻遐迩的链子崖。链子崖屹立于兵书宝剑峡和牛肝马肺峡之间,位于西陵峡新滩镇南岸,与新滩滑坡隔江对峙,因"链子锁崖"而得名。链子崖早年名叫"锁住山""锁山"。《归州志·山水》载:"香溪东流三里为兵书峡,又名白狗峡。峡南石壁中折,广五尺,相传有神力关锁,历久不坠,谓之锁山。"由于地质作用和人类工程活动的作用,链子崖崖顶发育有30余条宽大裂缝,不同方向的裂缝相互组合,切割范围南北长700m,东西宽30~180m,面积约0.54km²,将链子崖分成3个危险崖段,体积达332×10⁴m³,紧临长江,一旦失稳,将直接危及长江航运和人民生命财产安全。

新滩滑坡位于长江左岸原新滩集镇所在地、链子崖危岩体对面,为崩塌加载型推移式土质滑

坡。滑坡平面呈长条形，主滑方向180°～220°，纵长约2km，上窄(200m)、下宽(720m)，分布面积0.75km²，总体积3000×10⁴m³。剖面形态为阶状，平均坡角20°～25°。滑坡后缘高程900m，以上及西侧缘为相对高差100～400m的陡崖，坡角大于65°。滑坡东侧受控于一走向0°～30°的宽缓山脊，滑坡前缘被长江所切，临空面为坡高30～50m、坡角30°的陡坡。该滑坡为一远古滑坡，历史上曾于377年、1030年、1542年3次滑坡堵江，最近一次为1985年6月12日凌晨，新滩滑坡又次突发，呈长舌状，主滑方向向南，为岩石滑坡；主滑面为堆积岩土体(Q)/基岩(S)分界面，面积$0.75×10^6 m^2$，厚度平均25m，体积达$3000×10^4 m^3$，前缘高程为70m，后缘高程为900m，坡度在20°～25°；以滑速约31m/s的高速下滑而毁灭了具有千年历史的古镇——新滩。

8.7.3.3 调查地质灾害地区植物多样性与植被

观察自公园入口江边观景平台至2号裂缝沿途不同地形地貌、地质灾害等对植物分布的影响，沿途可见田菁、野桐、小叶茜草、黄鹌菜、抱茎苦荬菜、南蛇藤等。

8.8 路线8 三峡大坝区生态环境综合调查路线

8.8.1 路线

基地→三峡大坝→基地。

8.8.2 位置

三峡大坝。

8.8.3 教学内容

8.8.3.1 库区泥沙淤积问题

三峡大坝拦截了上游的大部分泥沙。建库前每年平均有$5.3×10^8 t$泥沙输入中下游，建库后有60%～65%的泥沙沉积在库区，50年的累积量是$170×10^8 t$左右，约占总库容的40%。这与原设计使用100年达到冲淤平衡存在一定差距，将导致水库的使用寿命缩短。为了解决这一问题，根据黄河上游三门峡水库的经验和教训，三峡水库采用了"蓄清排浑"的运行方式，即水库在汛期维持低水位，使泥沙顺利排出库外；在非汛期水流含沙量减少时水库蓄水。

8.8.3.2 来水来沙变化对下游河道影响

三峡建坝后对下游河道影响明显。由于输沙量减少，长江中下游河道将经历很长时期、长距离的冲刷下切。在三峡水库运用初期，邻近水库较近的河段冲刷量很快增加，随着库区淤积发展，下泄泥沙增多，河道开始回淤；而离水库较远的河段则相反，开始时河道有所淤积，到水库运用一段时间后转为冲刷。因此，三峡水库下游河道的演化过程是一个比较复杂的动态过程，其影响结果也很复杂。例如，从河床深切水位下降来说，对防洪是有利的；但河道冲刷会引起滩地后退、护岸坍塌,又不利于防洪。因此,在三峡工程的运行过程中,需要加强原型观测的工作,跟踪监测水库下游河道的冲淤演变,做好人力、物力的准备,建立应急抢险机制,加强河道的整治工作。

8.8.3.3 库区生态环境影响调查

学生自由讨论三峡大坝的主要生态环境效应,包括区域小气候、鱼类洄游通道受阻、水体富营养化、消落带环境变化、水库地震等。

8.9 路线9 张家冲小流域水土流失与亚热带低山植被调查

8.9.1 路线

基地→张家冲→基地。

8.9.2 位置

张家冲小流域。

8.9.3 教学内容

8.9.3.1 了解区域水土流失成因及防治的生态工程

了解区域人类活动、花岗岩体风化成土作用、风化壳剖面与水土流失的关系,观察25°坡度下不同的生态工程组合情况及其水土流失防治效果对比:①石坎梯田+农作物;②土坎梯田+柑桔;③土坎梯田+植物篱+柑桔;④坡耕地+植物篱+农作物;⑤坡耕地+植物篱+茶叶;⑥坡耕地+植物篱+柑桔。

8.9.3.2 独立调查与实践阶段

学生分为每组6~8人,独立开展调查区内植物多样性及植物群落生态调查,要求不同组在地形图上标出最后调查的群落类型及其分布,最终利用多组结果产生小流域植被类型分布图(图8-1)。该小流域植物多样性可见喜树、槲栎、枫杨、短柄枹栎、松树、杉树、樟树、马尾松、杜仲等。植被类型多样,可见喜树林、马尾松林、樟树林、针阔叶混交林等。

8.9.3.3 背景资料

张家冲小流域位于秭归县茅坪镇西南部,系茅坪河支流,距三峡大坝5km,距秭归新县城8.5km,在瓮桥沟汇集流入茅坪河。流域内共有176户,610人,土地总面积1.62km²,共有耕地0.432km²(大于25°的耕地0.156km²),林地0.981km²(其中疏幼林地0.407km²,经果林0.075km²),草地0.033km²,荒山荒坡0.08km²,非生产用地0.093km²。该流域属山地丘陵地貌,最低海拔148m,最高海拔530m。下部较为平缓,中上部坡度较陡。该流域属典型的花岗岩出露发育区域,土壤为花岗岩母质出露发育的石英砂土,植被以亚热带常绿、落叶阔叶林和针阔混交

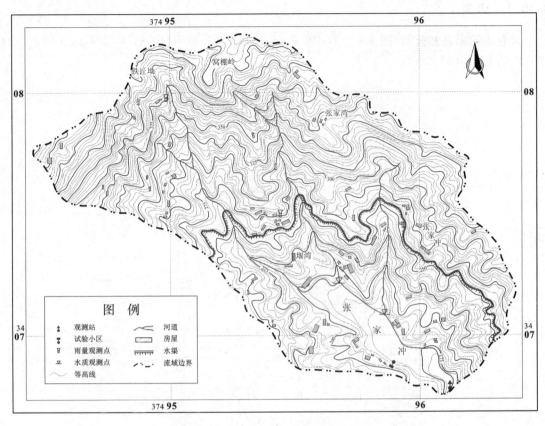

图 8-1 张家冲小流域地形地貌图

林为主。水土流失类型主要为水力侵蚀,以面蚀为主,主要发生在坡耕地、疏残幼林和植被覆盖率低的地方。长期以来由于人们无限度地开发利用坡地,造成大量森林植被被破坏,植被覆盖率下降,水土流失十分严重,生态环境严重恶化,坡耕地的利用改良越来越引起人们高度重视。据调查,张家冲流域 2003 年水土流失面积有 $0.97km^2$,占土地总面积的 60%,其中轻度流失 $0.241km^2$,占流失总面积的 24.8%,中度流失 $0.495km^2$,占 50.9%,强度流失 $0.08km^2$,占 8.2%,极强度流失 $0.156km^2$,占 16%。土壤侵蚀总量达到 6705t/a,水土流失十分严重。多年来当地水保部门在张家冲小流域开展流域水文、水蚀小区和小气候的试验研究,探讨花岗岩区试验示范水土保持流失规律,试验示范水土保持新科技、新技术,取得一定成效。这对于保持水土、减少注入长江泥沙、扩大库区环境容量、改善生态环境等具有一定的实际价值。

8.10 路线 10 大老岭亚热带山地落叶、常绿阔叶林考察

8.10.1 路线

基地→大老岭国家森林公园→基地。

8.10.2 位置

大老岭国家森林公园(图8-2);GPS坐标:E 110°54′32″~110°59′45″,N 30°51′24″~31°07′02″;海拔:1300~2008m。

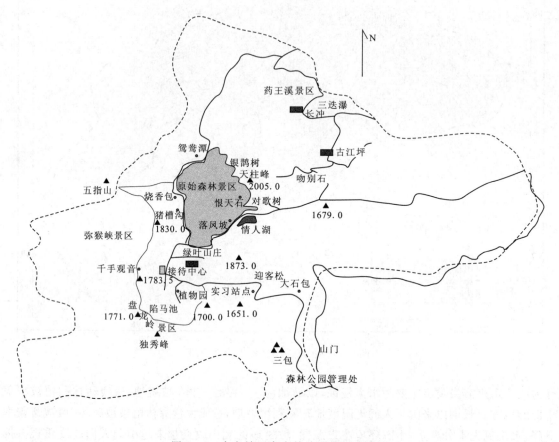

图8-2 大老岭国家森林公园景区示意图

8.10.3 教学内容

8.10.3.1 植物多样性

本路线珍稀植物种类极为丰富,有野生珙桐、光叶珙桐、水青树、香果树、连香树、银鹊树、领春木、金钱槭、紫茎、白辛树等国家珍稀濒危保护植物,还有珍稀植物群落——领春木群落、鹅掌楸群落等。此外,可见华山松、华中樱桃、叶上珠、四照花、三桠乌药、锐齿槲栎、锥栗、山楂、茅栗、猫儿刺、映山红、刺叶栎、亮叶水青冈、米心水青冈、荚蒾、四川杜鹃、金缕梅、巴山松、铁坚油杉等。

8.10.3.2 地带性顶极群落样方调查

调查盘龙岭千年水青冈林、华山松林等群落样方数量特征及其命名,对比人工华山松林、杉木林、亮叶水青冈林的种群、群落生态差异。

第 9 章　实习目的、要求与准备

9.1　实习目的

　　普通生态学实习是一次综合性的野外调查方法和技能训练,其目的在于:
　　(1)在实习指导教师带领下,学生通过对典型的植被类型、地貌、植物多样性、土壤类型、灾害与环境等进行野外实地观察、描述和分析,获得直接的感性认识;使学生系统掌握野外调查与研究所必须具备的基本知识、基本方法和基本技能,以加深对本专业所学理论知识的理解。
　　(2)通过理论和实践相结合的教学活动,培养学生野外观察、分析问题、解决问题的综合能力,逐步提高学生的独立工作能力。
　　(3)培养学生的开拓创新和科学研究意识。
　　(4)通过野外实践锻炼,培养学生严谨求实、团结协作、不怕吃苦的精神。

9.2　实习要求

　　在野外为了保证本专业实习的顺利进行,并取得良好的实习效果,对学生提出以下要求:
　　(1)实习前积极落实各项准备工作;以严肃认真、实事求是的态度对待野外工作。
　　(2)实习过程中,做到勤观察、勤测量、勤记录、勤思索。在各教学点上,按教师的具体要求,仔细观察与描述,尤其对那些重要现象更应把理论知识与现场实际观察联系起来,掌握其鉴别和描述方法并做好文字记录与照相、素描等。同时,应积极思考,广泛讨论;在野外现场要敢于发表个人的见解,把它看成是锻炼和提高自己的机会。
　　(3)实习回来应及时整理野外记录,做好小结,当天的记录当天整理。野外记录是学生最后编写实习报告的重要依据,其完成质量将直接影响到实习报告的编写和最终成绩。

9.3　准备事项

　　在正式实习前,由所在院系成立专业实习队,并指定实习队的主要负责人和指导老师。出发前由系领导向学生进行实习动员,介绍本次专业实习的目的、内容、时间安排及到达基地的交通安排;明确带队实习指导教师和参加实习学生的准备工作要求;强调实习规章制度和注意事项,尤其是学习纪律、安全纪律、群众纪律以及团结协作精神。

在出发前,学生需要准备的材料包括:①实习用品,如相关背景资料、实习用图、罗盘、地质锤、放大镜、钢卷尺、常用土壤、水文测量仪器等;②学习用品,如专业教科书、实习指导书、野簿、绘图工具、方格纸、报告纸等;③生活用品,如换洗衣物、洗漱用品、餐具、雨具、水壶、草帽以及防晕车、防暑、防蚊虫等药品;④如院系无统一组织车船前往秭归,学生应提前购买前往实习基地的车票,并将行程告知带队老师;⑤个人证件,如身份证、学生证等。

对于实习指导教师,应提前一周集体备课,现场讨论不同教学阶段的主要教学目的、教学内容、教学要点、教学方法、考核评分标准等。

9.4 注意事项

9.4.1 严格遵守纪律

遵守纪律和秩序,是保障实习顺利进行的关键。实习期间,学生要自觉严格遵守学校、学院、基地和实习队的各项规章制度;服从实习队队长、指导老师的管理和安排。

9.4.2 确保自身安全

野外实践教学不同于室内教学,常需跋山涉水,条件相对艰苦。首先应当注意自身健康,确保个人的人身安全,这是保证实习顺利完成的最重要的前提条件。

保障野外实习安全的关键在于每个实习参与者都要从思想上高度重视自己的身心健康和生命安全,强化自身安全意识,提高安全防范能力。在着装方面,应穿防滑球鞋或登山鞋、长袖上衣、长裤、戴太阳帽、草帽并备有防晒霜等。在饮食方面,尽可能在基地食堂就餐,不在无证经营的饮食小摊就餐;不吃过期变质的食物,预防食物中毒;在野外不乱吃野果、乱喝生水;尤其注意不酗酒、不闹事。在住宿方面,服从基地宿舍管理员的安排,严禁私自外出住宿和接纳陌生人住宿,自觉遵守作息时间。在行路方面,应坚持乘坐公共交通车辆,步行时遵守交通规则;特别在路边教学点时要特别规避过往车辆。

以下几点尤其需要注意:严禁采摘老乡瓜果菜蔬;严禁闯入军事禁区;严禁私带火种上山(打火机等);严禁使用违章电器;严禁下河游泳、高空攀爬。

9.4.3 树立良好形象

实习参与者的一言一行代表了学校、学院的形象,所以务必注重自身的言谈举止,一言一行要文明礼貌,自觉地维护实习队和学校的声誉。尊重指导教师和实习基地工作人员,尊重指导教师和实习基地工作人员的劳动。维持好与基地周边群众的关系,保持好与兄弟院校、兄弟院系的团结。

9.4.4 爱护仪器装备

实习期间,对借用的实习仪器要爱惜使用并妥善保管。实习结束后应及时归还,如有丢失或损坏,要写出书面报告并按价格赔偿。

9.5 教学实习进程

9.5.1 动员准备阶段

通过实习动员、实习情况介绍,使学生了解实习的目的、内容、安排及要求达到的目标。做好准备工作并检查,时间为 1 天。主要包含以下几项:
(1)每班按 6~8 人编组,指定实习组组长。
(2)检查野外用品及劳保装备是否齐全。
(3)检查标本夹、标本袋、小标签等,复习标本制作方法。
(4)熟悉教学路线内容和要求,记住植物分类特征。
(5)讲解野簿的记录格式。

9.5.1.1 调查工具准备

测绳、皮卷尺、胸径尺、钢卷尺;罗盘、GPS;枝剪刀、工兵铲、小刀;标本夹、标本纸、采样袋;标本采集记录本、标签、样方记录纸、坐标纸;军用水壶、登山球鞋;铅笔(带橡皮)、计算器(带对数);实习作业本;《普通生态学》教材、《湖北植物志》(1~4 册);常用药品(感冒药、肠胃药、蛇虫药及创可贴等)。

9.5.1.2 注意事项

不能穿裙子上山,不能吸烟,不要单独上山;有毒植物不要采摘,保护生态环境,爱护野生动植物资源;每组必须必备防毒虫药品;每个小组均要采集一定数量的植物标本;每天路线均要详细记录。

9.5.2 路线教学阶段

在教师的带领下开展各线路的野外现场教学,为期一周半左右。目的是强化学生对所学专业知识的理解和应用,培养学生理论联系实际,提高其在生产实际中野外观察、分析问题以及解决问题的能力。同时应在路线教学中开展基本技能训练,如识别植物、植物群落类型、地貌、水文与土壤特征,绘制植物形态图等。

此阶段应加强管理,督促学生每天及时整理当天资料、做路线小节、清绘图件及上墨;同时通知学生第二天的线路安排,以便其预习相关内容。同时教师也应对各教学路线的教学内容进行认真、系统的总结,不断完善教学内容并开发新的教学资源。

9.5.3 独立调查阶段

开展张家冲小流域的植物种群、群落生态调查,时间为 3 天左右。首先,在教师的指导下,拟定调查区域及方案,准备好调查表格,针对调查过程中可能出现的问题设置处理预案。然后,以小组为单位开展相关的资料收集、现场调查和资料分析工作,共同完成调查任务。此阶段提倡充分发挥学生的主观能动性,路线规划及分析评价由小组集体研究决定。

教师应加强安全管理,及时处理实习中出现的问题;同时对不合格的调查应及时发现并指导返工。

9.5.4 实习报告编写阶段

编写实习报告主要培养学生整理、归纳和综合分析实际调查资料的能力,使理论与实际相联系。根据路线教学及独立工作内容,进行分析、归纳并做出初步的研究结论,编制相应的研究报告;时间为一周左右。报告的编写有利于学生总结取得的研究成果,阐述自己的观点,合理得出科学结论,并加以提炼和升华,从中获得科学论文或报告的编写训练。

本次实习要求每人提交一份相关报告,要求章节内容安排合理、重点突出、图件表述准确美观、数据资料准确可靠无虚假,分析要言之有理、依据充分、结论正确合理。实习报告要求字数约 5000~10 000 字。学生用 2/3 的时间完成图件的编绘及报告初编,然后用 1/3 的时间修改并清抄。

9.5.5 最终成绩评定

实习结束时,教师根据教学阶段(野薄、标本制作)和独立调查阶段(样方调查)的表现和实习报告编写质量进行综合评定。在评定成绩时应严格要求、实事求是,对不及格者可给予一次修改并重新提交的机会;如该生仍未获得及格认定,则必须重新进行下一次教学实习(实习经费自理),否则不能获得学士学位。

主要参考文献

Casanova M T, Brock M A. How do depth, duration and frequency of flooding influence the establishment of wetland plant communities [J]. Plant Ecology, 2000, 147: 237-250.

Clements F E. Plant Succession: An Analysis of the Development of Vegetation[M]. Washington DC: Carnegie Institution of Washington, 1916.

Daubenmire R, Daubenmire J B. Forest vegetation of eastern Washington and northern Idaho [J]. Wash, Agric. Exp. Stn. Tech. Bull., 1968, 60: 1-104.

Liu L, Liu D F, Johnson D M, et al. Effects of vertical mixing on phytoplankton blooms in Xiangxi Bay of Three Gorges Reservoir [J]. Implications for Management, 2012, 46 (7): 2121-2130.

Morre J J. An outline of computer-based methods for the analysis of phytosociological dada. [M]//Marrel E, Van der & Tuxen R. (eds.) Grundfragen und Methoden der Pflanzensoziologie [M]. Denag: Junk, 1972: 29-38.

Ramensky, L G. Введение в комплексное почвенно-геоботаническое исследование земель[M]. Moskva: Sel' khozgiz, 1938.

Ranukiaer C. The life firms of plants and statistical plant geography [M]. Oxford: Clarendon Press, 1934.

Whittaker R H. 植物群落排序[M]. 王柏荪译. 北京:科学出版社, 1986.

Whittaker R H. 植物群落分类[M]. 周纪伦等译. 北京:科学出版社, 1985.

Wilcox D, Meeker J. Disturbance effects on aquatic vegetation in regulated and unregulated lakes in northern Minnesota Canadian [J]. Journal of Botany, 1991, 69: 1542-1551.

Yang Z J, Liu D F, Ji D B, et al. An eco-environmental friendly operation: An effective method to mitigate the harmful blooms in the tributary bays of Three Gorges Reservoir [J]. Science China Technological Sciences 2013, 56 (6): 1458-1470.

Zheng, H B, Clift, P D. Wang, P, et al. Pre-Miocene birth of the Yangtze River [J]. PNAS, 2013, 110: 7556-7561.

曹文宣,余志堂,许蕴玕,等. 三峡工程对长江鱼类资源影响的初步评价及资源增殖途径的研究. 长江三峡工程对生态与环境的影响及其对策研究论文集[C]. 北京:科学出版社, 1987.

陈春娣,吴胜军,Douglas M C,等. 三峡库区新生城市湖泊岸带初冬植物群落构成及多样性初步研究——以开县汉丰湖为例[J]. 湿地科学, 2014, 12(2): 197-203.

陈伟烈,江明喜,赵常明,等. 三峡库区谷地的植物与植被[M]. 北京:中国水利水电出版社, 2008.

程品运. 秭归县旱灾规律及其防御对策初探[J]. 湖北气象, 2002, (1): 22-24.

程瑞梅,肖文发. 三峡库区森林植物群落数量分类与排序[J]. 林业科学, 2008, 44(4): 20-27.

戴金合. 野生植物资源学[M]. 北京:农业出版社. 1993.

丁瑞华. 三峡水库库区渔业环境和渔业现状分析[M]. 成都:四川科学出版社, 1987.

段辛斌,陈大庆,刘绍平,等. 长江三峡库区鱼类资源现状的研究[J]. 水生生物学报, 2002, 26(6): 605-611.

范月娇. 基于遥感和GIS一体化技术的三峡库区土地利用变化研究[J]. 地理科学, 2002, 22(5): 599-603.

冯江,高玮,盛连喜. 动物生态学[M]. 北京:科学出版社, 2006.

甘娟,葛继稳,刘奕伶,等. 三峡大老岭自然保护区森林生态系统10年(2000—2010年)质量变化[J]. 植物科学学报,2015,33(6):766-774.

葛继稳,胡鸿兴,李博.湖北木林子自然保护区森林生物多样性研究[M].北京:科学出版社,2009.

葛继稳,梅伟俊,高发祥,等.三峡库区(湖北部分)珍稀濒危保护植物资源现状.长江流域资源与环境[J],1999,8(4):378-385.

郭劲松,盛金萍,李哲,等.三峡水库运行初期小江回水区藻类群落季节变化特点[J].环境科学,2010,31(7):1492-1497.

胡志浩,吴兆录.云南野外综合实习指导(生物学,环境科学)[M].昆明:云南大学出版社,2004.

黄真理,吴炳方,敖良桂.三峡工程生态与环境监测系统研究[M].北京:科学出版社,2006.

江明喜,蔡庆华.长江三峡干流河岸植物群落的初步研究[J].水生生物学报,2000,24(5):458-463.

李培霞,陈国建,韦杰.三峡库区典型坡改梯地土壤肥力质量评价——以重庆市巫山县为例[J].重庆师范大学学报(自然科学版),2013,30(6):55-62.

梁培瑜,王烜,马芳冰.水动力条件对水体富营养化的影响[J].湖泊科学,2013,25(4):455-462.

林英华,苏化龙,马强,等.三峡库区珍稀濒危陆生脊椎动物现状及其保护对策[J].林业科学,2003,39(6):100-109.

刘胜祥.植物资源学[M].武汉:武汉出版社,1992.

刘维暐,王杰,王勇,等.三峡水库消落区不同海拔高度的植物群落多样性差异[J].生态学报,2012,32(17):5454-5466.

刘先新.中国长江三峡动物大全[M].北京:科学出版社,2010.

刘窑军,王天巍,李朝霞,等.不同植被防护措施对三峡库区土质道路边坡侵蚀的影响[J].应用生态学报,2012,23(4):896-902.

刘勇,王玉杰,王红霞,等.长江三峡库区6种退耕还林模式涵养水源与保育土壤效益及其价值估算[J].中国水土保持科学,2014,12(6):50-58.

卢松根,郑正仁,吴祖发,等.三峡建坝对库区陆栖脊椎动物(哺乳纲和鸟纲)及珍稀动物的影响[J].水资源保护,1986,1:34-39.

卢卫民,张德春,曹国斌,等.三峡库区水禽及其栖息地保护的研究[J].华中师范大学学报(自然科学版),1998,(专辑):53-58.

马传明,周建伟.中国地质大学(武汉)秭归基地实践教学教程(水文与环境分册)[M].武汉:中国地质大学出版社,2014.

马骏,余伟,纪道斌,等.三峡水库春季水华期生态调度空间分析[J].武汉大学学报(工学版),2015,48(2):159-164.

马力,韩庆忠,夏立忠,等.三峡库首地区土壤养分状况与年际变化[J].长江流域资源与环境,2012,21(5):572-577.

彭镇华.中国长江三峡植物大全(上、下卷)[M].北京:科学出版社,2005.

赛道建.动物学野外实习教程[M].北京:科学出版社,2006.

沈国舫.三峡工程对生态和环境的影响[J].中国科学人,2010(S1):48-53.

沈泽昊,张新时,金义兴.三峡大老岭植物区系的垂直梯度分析[J].植物分类学报,2001,39(3):260-268.

宋永昌.植被生态学[M].上海:华东师范大学出版社,2001.

苏化龙,林英华,张旭,等.三峡库区鸟类区系及类群多样性[J].动物学研究,2001,22(3):191-199.

苏化龙,马强,林英华.三峡库区陆栖野生脊椎动物监测与研究[M].北京:中国水利水电出版社,2007.

孙晓娟,刘晓东.三峡库区森林生态系统物种多样性定量分析[J].森林工程,2014,30(4):18-27.

田自强,陈伟烈,赵常明,等.长江三峡淹没区与移民安置区植物多样性及其保护策略[J].生态学报,2007,27(8):3111-3118.

王柏荪.植物群落学[M].北京:高等教育出版社,1987.

主要参考文献

王建柱. 三峡大坝的修建对库区动物的影响[D]. 北京:中国科学院研究生院,2006.

王鹏,曹学章,董杰. 三峡库区土地利用变化的特征与趋势[J]. 资源开发与市场,2004,20(6):433-435.

王鹏程,姚婧,肖文发,等. 三峡库区森林植被分布的地形分异特征[J]. 长江流域资源与环境,2009,18(6):528-534.

王晓青. 三峡工程蓄水对彭溪河回水区COD_{Mn}、NH_3-N和TP综合衰减系数的影响[J]. 安全与环境学报,2015,15(1):325-329.

吴昌广,吕华丽,周志翔,等. 三峡库区土壤侵蚀空间分布特征[J]. 中国水土保持科学,2012,10(3):15-21.

吴金清,赵子恩,金义兴. 三峡库区珍稀濒危保护植物彩色图谱[M]. 北京:中国水利水电出版社,2009.

吴强. 长江三峡库区蓄水后鱼类资源现状的研究[D]. 武汉:华中农业大学,2007.

向芳,朱利东,王成善,等. 长江三峡阶地的年代对比法及其意义[J]. 成都理工大学学报(自然科学版),2005,32(2):162-166.

肖文发,李建文,于长清,等. 长江三峡库区陆生野生动植物生态[M]. 重庆:西南师范大学出版社,2000.

谢宗强,陈伟烈,梁宋筠,贺金生. 三峡库区特有植物及三峡工程对其影响[J]. 国土与自然资源研究,1994,(4):61-65.

谢宗强,陈伟烈. 三峡库区残存的常绿阔叶林及其意义[J]. 植物生态学报,1998,22(5):422-427.

谢宗强,江明喜. 三峡库区的石灰岩灌丛植被特征及其合理利用[J]. 植物学通报,1995,(12):85-89.

谢宗强,吴金清,熊高明. 三峡库区珍濒特有植物保护生态学研究[M]. 北京:中国水利水电出版社,2006.

许峰,蔡强国,吴淑安,等. 三峡库区坡地生态工程控制土壤养分流失研究——以等高植物篱为例[J]. 地理研究,2000,19(3):303-310.

许其功,刘鸿亮,席北斗,等. 三峡库区土地利用与景观格局变化研究[J]. 环境科学与技术,2007,30(12):83-86.

阳含熙,卢泽愚. 植被生态学的数量分类方法[M]. 北京:科学出版社,1981.

阳含熙. 相似系数的探讨[J]. 自然资源,1980,(1):20-31.

杨持. 生态学实验与实习[M]. 北京:高等教育出版社,2003.

杨琳璐,王中生,周灵燕,等. 苔藓和地衣对环境变化的响应和指示作用[J]. 南京林业大学学报(自然科学版),2012,36(3):137-143.

杨正健,刘德富,马骏,等. 三峡水库香溪河库湾特殊水温分层对水华的影响[J]. 武汉大学学报(工学版),2012,45(1):1-9.

曾立雄,肖文发,黄志霖,等. 三峡库区不同退耕还林模式水土流失特征及其影响因子[J]. 长江流域资源与环境,2014,23(1):146-152.

张德春,卢卫民,高发祥,等. 湖北三峡库区陆生野生动物资源调查综合报告[J]. 华中师范大学学报(自然科学版),1998,(专辑):1-6.

张金屯. 植被数量生态学方法[M]. 北京:中国科学技术出版社,1995.

张谧,熊高明,谢宗强. 三峡库区常绿落叶阔叶混交林的监测研究[J]. 长江流域资源与环境,2004,13(2):168-173.

张荣祖. 中国动物地理[M]. 北京:科学出版社,1999.

郑重. 长江三峡库区种子植物的中国特有分布[J]. 武汉植物学研究,1994,12(4):341-347.

周平根,欧正东. 长江三峡工程库区不同成因类型平缓斜坡的稳定性评价[J]. 中国地质灾害与防治学报,1997,8(2):24-32

朱妮妮,郭泉水,秦爱丽,等. 三峡水库奉节以东秭归和巫山段消落带植物群落动态特征[J]. 生态学报,2015,35(23):1-15.

附表

附表 1

森林植物群落调查记载表(总表)

中国地质大学(武汉)生态环境研究所

1. 编号:_____ 2. 日期:_____年_____月_____日 3. 调查者:_____
4. 群丛名称:
5. 地理位置:_____省_____市_____县_____乡(镇)_____林场(自然保护区)
6. 标准地方式:_____ 面积:_____
7. 地形状况与植被分布:
8. 表层岩石与地质条件:
9. 小气候:_____湿度:1次(干球) 1次(湿球) 2次(干球) 2次(湿球)
10. 周围环境(东、南、西、北):
11. 人类及放牧影响:
12. 野生动物的影响:
13. 死地被物厚度(5次平均):_____组成:_____覆盖率(%):_____
    按层分解情况:
14. 土壤:_____剖面深度:_____cm

土层	厚度(cm)	颜色	机械成分	结构性	湿度	pH

15. 泡沫反应:
16. 根系深度:
17. 碳酸盐的沉淀物:
18. 地下水位:

附表2

森林植物群落调查记载表(立木)

编号:_____ 样地号码:_____ 面积:_____
总郁闭度:_____ 第1层郁闭度:_____ 第2层郁闭度:_____

编号	植物名称	胸径(cm)	基径(cm)	树高(m)	枝下高(m)	冠幅(m)	物候期	备注
附注								

附表 3

森林植物群落调查记载表（下木）

编号：_____ 样地号码：_____
面积：_____ 总 盖 度：_____

编号	植物名称	年龄	高度(m)		盖度	数量	生活强度	物候期	分布情况	备注
			一般	最高						
附注										

附表 4

森林植物群落调查记载表(草本地被物)

1. 编号：_____ 样地号码：_____ 面积：_____
2. 总的特征与外貌：_____
3. 水平、垂直层片现象：_____
4. 分层高度：_____ 第 1 层：_____ 第 2 层：_____
   第 3 层：_____ 第 4 层：_____ 第 5 层：_____
5. 总盖度：_____ 分层盖度：_____
6. 小群集与环境的关系：_____

编号	植物名称	高度(cm)	多度	盖度	生活强度	物候期	分布情况	备注
附注								

附表 5

森林植物群落调查记载表(苔藓/地衣类植被)

编号:_____ 样地号码:_____ 面积:_____
总的特征与外貌(紧密度,均匀度等):_____
厚度:_____ 活层:_____ 死层:_____

编号	植物名称	多度	盖度	生活强度	生长特征	备注
附注						

附表 6

森林植物群落调查记载表(层外植物)

编号:_____ 样地号码:_____ 面积:_____
总的特征:_____

编号	植物名称	多度	高度或长度	攀缘或着生方式	分布状况	生活强度	物候期	备注

附表7

样线法鸟类调查记录表

日期		天气		温度	
调查人		样线编号		样线长度	
地点				海拔	
起点经纬度坐标			开始时间		
终点经纬度坐标			结束时间		

物种名称	数量	距离尺度*	生境类型	物种名称	数量	距离尺度*	生境类型

* 表示固定宽度样线法可不用记录距离尺度。

附表 8

三峡秭归地区常见维管植物名录

编号	科	属	种
1	卷柏科 Selaginellaceae	卷柏属 Selaginella	卷柏 Selaginella tamariscina
2	木贼科 Equisetaceae	木贼属 Equisetum	节节草 Equisetum ramosissimum
3			问荆 Equisetum arvense
4	紫萁科 Osmundaceae	紫萁属 Osmunda	紫萁 Osmunda japonica
5	海金沙科 Lygodiaceae	海金沙属 Lygodium	海金沙 Lygodium japonicum
6	里白科 Gleicheniaceae	芒萁属 Dicranopteris	芒萁 Dicranopteris dichotoma
7			铁芒萁 Dicranopteris linearis
8	凤尾蕨科 Pteridaceae	凤尾蕨属 Pteris	凤尾蕨 Pteris cretica var. nervosa
9			井栏边草 Pteris multifida
10			溪边凤尾蕨 Pteris excelsa
11	铁线蕨科 Adiantaceae	铁线蕨属 Adiantum	荷叶铁线蕨 Adiantum reniforme var. sinense
12			铁线蕨 Adiantum capillus-veneris
13	乌毛蕨科 Blechnaceae	狗脊属 Woodwardia	狗脊 Woodwardia japonica
14			顶芽狗脊 Woodwardia unigemmata
15	鳞毛蕨科 Dryopteridaceae	贯众属 Cyrtomium	贯众 Cyrtomium fortunei
16		鳞毛蕨属 Dryopteris	中华鳞毛蕨 Dryopteris chinensis
17	水龙骨科 Polypodiaceae	石韦属 Pyrrosia	石韦 Pyrrosia lingua
18		水龙骨属 Polypodiodes	日本水龙骨 Polypodiodes niponica
19			有柄石韦 Pyrrosia petiolosa
20		瓦韦属 Lepisorus	瓦韦 Lepisorus thunbergianus
21		星蕨属 Microsorum	江南星蕨 Microsorum fortunei
22	银杏科 Ginkgoaceae	银杏属 Ginkgo	银杏* Ginkgo biloba
23	松科 Pinaceae	金钱松属 Pseudolarix	金钱松* Pseudolarix amabilis
24		松属 Pinus	华山松 Pinus armandii
25			马尾松 Pinus massoniana
26		雪松属 Cedrus	雪松* Cedrus deodara

续附表 8

编号	科	属	种
27	杉科 Taxodiaceae	落羽杉属 Taxodium	中山杉* Taxodium hybrid 'zhongshanshan'
28		杉木属 Cunninghamia	杉木 Cunninghamia lanceolata
29		水杉属 Metasequoia	水杉* Metasequoia glyptostroboides
30		台湾杉属 Taiwania	秃杉* Taiwania flousiana
31	柏科 Cupressaceae	侧柏属 Platycladus	侧柏 Platycladus orientalis
32		福建柏属 Fokienia	福建柏* Fokienia hodginsii
33		圆柏属 Sabina	圆柏 Sabina chinensis
34	罗汉松科 Podocarpaceae	罗汉松属 Podocarpus	罗汉松* Podocarpus macrophyllus
35			竹柏* Podocarpus nagi
36	三尖杉科 Cephalotaxaceae	三尖杉属 Cephalotaxus	三尖杉 Cephalotaxus fortunei
37	红豆杉科 Taxaceae	红豆杉属 Taxus	南方红豆杉 Taxus chinensis var. mairei
38	木兰科 Magnoliaceae	八角属 Illicium	红茴香 Illicium henryi
39		木兰属 Magnolia	厚朴* Magnolia officinalis
40			二乔木兰* Magnolia soulangeana
41			荷花玉兰* Magnolia grandiflora
42			红花玉兰* Magnolia wufengensis
43			黄山木兰* Magnolia cylindrica
44			天目木兰* Magnolia amoena
45			紫玉兰* Magnolia liliflora
46		木莲属 Manglietia	巴东木莲* Manglietia patungensis
47		拟单性木兰属 Parakmeria	云南拟单性木兰* Parakmeria yunnanensis
48	五味子科 Schisandraceae	五味子属 Schisandra	五味子 Schisandra chinensis
49	樟科 Lauraceae	檫木属 Sassafras	檫木 Sassafras tzumu
50		木姜子属 Litsea	木姜子 Litsea pungens
51		楠属 Phoebe	楠木 Phoebe zhennan
52			小叶楠 Phoebe microphylla
53			浙江楠 Phoebe chekiangensis
54		山胡椒属 Lindera	黑壳楠 Lindera megaphylla
55		山胡椒属 Lindera	山胡椒 Lindera glauca
56		山胡椒属 Lindera	山橿 Lindera reflexa
57		樟属 Cinnamomum	川桂 Cinnamomum wilsonii
58			天竺桂* Cinnamomum japonicum
59			樟树 Cinnamomum camphora

续附表 8

编号	科	属	种
60	蜡梅科 Calycanthaceae	蜡梅属 Chimonanthus	蜡梅 Chimonanthus praecox
61	马兜铃科 Aristolochiaceae	细辛属 Asarum	细辛 Asarum sieboldii
62	三白草科 Saururaceae	蕺菜属 Houttuynia	蕺菜/鱼腥草 Houttuynia cordata
63	商陆科 Phytolaccaceae	商陆属 Phytolacca	商陆 Phytolacca acinosa
64	苋科 Amaranthaceae	牛膝属 Achyranthes	牛膝 Achyranthes bidentata
65	石竹科 Caryophyllaceae	石竹属 Dianthus	石竹 Dianthus chinensis
66		繁缕属 Stellaria	繁缕 Stellaria media
67	蓼科 Polygonaceae	何首乌属 Fallopia	何首乌 Fallopia multiflora
68		虎杖属 Reynoutria	虎杖 Reynoutria japonica
69		蓼属 Polygonum	丛枝蓼 Polygonum posumbu
70			杠板归 Polygonum perfoliatum
71			红蓼 Polygonum orientale
72			尼泊尔蓼 Polygonum nepalense
73			酸模叶蓼 Polygonum lapathifolium
74			水蓼 Polygonum hydropiper
75		金线草属 Antenoron	金线草 Antenoron filiforme
76		荞麦属 Fagopyrum	金荞麦 Fagopyrum dibotrys
77		酸模属 Rumex	酸模 Rumex acetosa
78			羊蹄 Rumex japonicus
79	木通科 Lardizabalaceae	木通属 Akebia	木通 Akebia quinata
80			三叶木通 Akebia trifoliata
81	毛茛科 Ranunculaceae	翠雀属 Delphinium	翠雀 Delphinium grandiflorum
82		毛茛属 Ranunculus	毛茛 Ranunculus japonicus
83		铁线莲属 Clematis	威灵仙 Clematis chinensis
84		黄连属 Coptis	黄连 Coptis chinensis
85		铁线莲属 Clematis	长冬草 Clematis hexapetala var. tchefouensis
86		银莲花属 Anemone	打破碗花花 Anemone hupehensis
87			野棉花 Anemone vitifolia
88	小檗科 Berberidaceae	十大功劳属 Mahonia	狭叶十大功劳 Mahonia fortunei
89			长阳十大功劳 Mahonia sheridaniana
90		淫羊藿属 Epimedium	淫羊藿 Epimedium brevicornu

续附表 8

编号	科	属	种
91	连香树科 Cercidiphyllaceae	连香树属 Cercidiphyllum	连香树 Cercidiphyllum japonicum
92	金缕梅科 Hamamelidaceae	枫香树属 Liquidambar	枫香树 Liquidambar formosana
93		檵木属 Loropetalum	红花檵木* Loropetalum chinense var. rubrum
94			檵木 Loropetalum chinensis
95		蜡瓣花属 Corylopsis	蜡瓣花 Corylopsis sinensis
96		蚊母树属 Distylium	中华蚊母树 Distylium chinense
97	木麻黄科 Casuarinaceae	木麻黄属 Casuarina	木麻黄* Casuarina equisetifolia
98	壳斗科 Fagaceae	栎属 Quercus	白栎 Quercus fabri
99			短柄枹栎 Quercus serrata var. brevipetiolata
100			枹栎 Quercus serrata
101			槲栎 Quercus aliena
102			麻栎 Quercus acutissima
103		栗属 Castanea	茅栗 Castanea seguinii
104			锥栗 Castanea henryi
105		青冈属 Cyclobalanopsis	多脉青冈 Cyclobalanopsis multinervis
106			青冈 Cyclobalanopsis glauca
107	桦木科 Betulaceae	鹅耳枥属 Carpinus	鹅耳枥 Carpinus turczaninowii
108		桦木属 Betula	亮叶桦 Betula luminifera
109		榛属 Corylus	华榛 Corylus chinensis
110	胡桃科 Juglandaceae	山核桃属 Carya	山核桃 Carya cathayensis
111		枫杨属 Pterocarya	枫杨 Pterocarya stenoptera
112			湖北枫杨 Pterocarya hupehensis
113		胡桃属 Juglans	野核桃 Juglans cathayensis
114		化香属 Platycarya	化香树 Platycarya strobilacea
115	虎皮楠科 Daphniphyllaceae	虎皮楠属 Daphniphyllum	交让木 Daphniphyllum macropodum
116	黄杨科 Buxaceae	黄杨属 Buxus	大叶黄杨 Buxus megistophylla
117			宜昌黄杨 Buxus ichangensis
118	山茶科 Theaceae	山茶属 Camellia	茶梅* Camellia sasanqua
119			红皮糙果茶* Camellia crapnelliana
120			尖连蕊茶 Camellia cuspidata
121			山茶 Camellia japonica
122			西南红山茶* Camellia pitardii

续附表 8

编号	科	属	种
123	藤黄科 Guttiferae	金丝桃属 Hypericum	金丝桃 Hypericum monogynum
124	堇菜科 Violaceae	堇菜属 Viola	堇菜 Viola verecuda
125		木槿属 Hibiscus	扶桑 Hibiscus rosa-sinensis
126			海滨木槿* Hibiscus hamabo
127	葫芦科 Cucurbitaceae	赤瓟属 Thladiantha	球果赤瓟 Thladiantha globicarpa
128		绞股蓝属 Gynostemma	七叶绞股蓝 Gynostemma pentaphyllum
129		丝瓜属 Luffa	丝瓜* Luffa cylindrica
130	杨柳科 Salicaceae	柳属 Salix	旱柳 Salix matsudana
131			山柳 Salix pseudotangii
132			兴山柳 Salix mictotricha
133			长梗柳 Salix dunnii
134	柽柳科 Tamaricaceae	水柏枝属 Myricaria	疏花水柏枝 Myricaria laxiflora
135	十字花科 Cruciferae	碎米荠属 Cardamine	碎米荠 Cardamine hirsuta
136	杜英科 Elaeocarpaceae	猴欢喜属 Sloanea	猴欢喜 Sloanea sinensis
137	椴树科 Tiliaceae	扁担杆属 Grewia	扁担杆 Grewia biloba
138	梧桐科 Sterculiaceae	翅子树属 Pterospermum	翻白叶树* Pterospermum heterophyllum
139		梧桐属 Firmiana	中国梧桐 Firmiana simple
140	榆科 Ulmaceae	朴属 Celtis	朴树 Celtis sinensis
141	桑科 Moraceae	构属 Broussonetia	构树 Broussonetia papyrifera
142			小构树 Broussonetia kazinoki
143		葎草属 Humulus	葎草 Humulus scandens
144		榕属 Ficus	地果(地瓜榕) Ficus tikoua
145			尖叶榕 Ficus henryi
146			琴叶榕 Ficus pandurata
146			雅榕(小叶榕)* Ficus concinna
148	荨麻科 Urticaceae	冷水花属 Pilea	冷水花 Pilea notata
149			透茎冷水花 Pilea pumila
150		楼梯草属 Elatostema	楼梯草 Elatostema involucratum
151		糯米团属 Memorialis	糯米团 Gonostegia hirta
152		水麻属 Debregeasia	水麻 Debregeasia orientalis
153		苎麻属 Boehmeria	赤麻 Boehmeria silvestrii
154			序叶苎麻 Boehmeria clidemioides var. diffusa
155			苎麻 Boehmeria nivea

续附表 8

编号	科	属	种
156	大戟科 Euphorbiaceae	大戟属 Euphorbia	大戟 Euphorbia pekinensis
157			泽漆 Euphorbia helioscopia
158		山麻杆属 Alchornea	山麻杆 Alchornea davidii
159		铁苋菜属 Acalypha	铁苋菜 Acalypha australis
160		乌桕属 Sapium	乌桕 Sapium sebiferum
161		野桐属 Mallotus	白背叶 Mallotus apelta
162			石岩枫 Mallotus repandus
163			野桐 Mallotus japonicus var. floccosus
164		叶下珠属 Phyllanthus	叶下珠 Phyllanthus urinaria
165		油桐属 Vernicia	油桐 Vernicia fordii
166	猕猴桃科 Actinidiaceae	猕猴桃属 Actinidia	中华猕猴桃 Actinidia chinensis
167	山柳科 Clethraceae	桤叶树属 Cleshra	华中山柳 Clethra cavalerei
168	杜鹃花科 Ericaceae	杜鹃属 Rhododendron	锦绣杜鹃 Rhododendron pulchrum
169			马银花 Rhododendron ovatum
170	安息香科 Styracaceae	安息香属 Styrax	野茉莉 Styrax japonicus
171		秤锤树属 Sinojackia	长果安息香 Sinojackia dolichocarpa
172	山矾科 Symplocaceae	山矾属 Symplocos	白檀 Symplocos paniculata
173			山矾 Symplocos sumuntia
174	柿树科 Ebenaceae	柿属 Diospyros	柿 Diospyros kaki
175	报春花科 Primulaceae	珍珠菜属 Lysimachia	过路黄 Lysimachia christinae
176	景天科 Crassulaceae	景天属 Sedum	垂盆草 Sedum sarmentosum
177			火焰草 Castilleja pallida
178	虎耳草科 Saxifragaceae	虎耳草属 Saxifraga	虎耳草 Saxifraga stolonifera
179		绣球属 Hydrangea	伞形绣球 Hydrangea angustipetala
180			绣球 Hydrangea macrophylla

续附表 8

编号	科	属	种
181	蔷薇科 Rosaceae	棣棠花属 Kerria	棣棠花 Kerria japonica
182		红果树属 Stranvaesia	红果树波叶变种 Stranvaesia davidiana var. undulata
183		花楸属 Sorbus	石灰花楸 Sorbus folgneri
184		火棘属 Pyracantha	火棘 Pyracantha fortuneana
185		梨属 Pyrus	豆梨 Pyrus calleryana
186			木梨 Pyrus xerophila
187		李属 Prunus	樱桃李 Prunus cerasifera
188		龙牙草属 Agrimonia	龙牙草 Agrimonia pilosa
189		枇杷属 Eriobotrya	枇杷 Eriobotrya japonica
190		蔷薇属 Rosa	野蔷薇 Rosa multiflora
191			小果蔷薇 Rosa cymosa
192		蛇莓属 Duchesnea	蛇莓 Duchesnea indica
193		石楠属 Photinia	石楠 Photinia serrulata
194		绣线菊属 Spiraea	光叶绣线菊 Spiraea japonica var. fortunei
195			土庄绣线菊 Spiraea pubescens
196			绣线菊 Spiraea Salicifolia
197			中华绣线菊 Spiraea chinensis
198		悬钩子属 Rubus	插田泡 Rubus coreanus
199			高粱泡 Rubus lambertianus
200			灰白毛莓 Rubus tephrodes
201			茅莓 Rubus parvifolius
202			山莓 Rubus corchorifolius
203		樱属 Cerasus	华中樱桃 Cerasus conradinae
204	胡颓子科 Elaeagnaceae	胡颓子属 Elaeagnus	胡颓子 Elaeagnus pungens
205	千屈菜科 Lythraceae	紫薇属 Lagerstroemia	紫薇 Lagerstroemia indica
206	石榴科 Punicaceae	石榴属 Punica	石榴 Punica granatum
207	省沽油科 Staphyleaceae	省沽油属 Staphylea	膀胱果 Staphylea holocarpa
208		野鸦椿属 Euscaphis	野鸦椿 Euscaphis japonica
209		瘿椒树属 Tapiscia	瘿椒树 Tapiscia sinensis
210	无患子科 Sapindaceae	栾树属 Koelreuteria	复羽叶栾树 Koelreuteria bipinnata
211			栾树 Koelreuteria paniculata

续附表 8

编号	科	属	种
212	漆树科 Anacardiaceae	黄栌属 Cotinus	毛黄栌 Cotinus coggygria var. pubescens
213		漆属 Toxicodendron	漆 Toxicodendron verniciflum
214		盐肤木属 Rhus	青麸杨 Rhus potaninii
215			盐肤木 Rhus chinensis
216	槭树科 Aceraceae	槭属 Acer	青榨槭 Acer davidii
217			五裂槭 Acer oliverianum
218			血皮槭 Acer griseum
219			鸡爪槭 Acer palmatum
220			光叶槭 Acer laevigatum
221	苏木科 Caesalpiniaceae	云实属 Caesalpinia	华南云实 Caesalpinia crista
222	芸香科 Rutaceae	柑橘属 Citrus	柑橘* Citrus reticulata
223			甜橙* Citrus sinensis
224		花椒属 Zanthoxylum	花椒 Zanthoxylum bungeanum
225			野花椒 Zanthoxylum simulans
226		黄檗属 Phellodendron	黄檗 Phellodendron amurense
227		吴茱萸属 Evodia	吴茱萸 Evodia rutaecarpa
228		枳属 Poncirus	枳 Poncirus trifoliata
229	苦木科 Simaroubaceae	臭椿属 Ailanthus	臭椿 Ailanthus altissima
230	楝科 Meliaceae	香椿属 Toona	香椿 Toona sinensis
231	马桑科 Coriariaceae	马桑属 Coriaria	马桑 Coriaria nepalensis
232	豆科 Leguminosae	车轴草属 Trifolium	白车轴草 Trifolium repens
233		刺槐属 Robinia	刺槐* Robinia pseudoacacia
234		合欢属 Albizia	合欢 Albizia julibrissin
235		红豆属 Ormosia	红豆树 Ormosia hosiei
236		胡枝子属 Lespedeza	大叶胡枝子 Lespedeza davidii
237			胡枝子 Lespedeza bicolor
238			美丽胡枝子 Lespedeza formosa
239		鸡眼草属 Kummerowia	鸡眼草 Kummerowia striata
240		槐属 Sophora	龙爪槐* Sophora japonica var. japonica f. pendula
241		黄檀属 Dalbergia	黄檀 Dalbergia hupeana
242		豇豆属 Vigna	豇豆* Vigna unguiculata
243		落花生属 Arachis	落花生* Arachis hypogaea
244		苜蓿属 Medicago	紫苜蓿* Medicago sativa
245		苏木属 Caesalpinia	云实 Caesalpinia decapetala
246		田菁属 Sesbania	田菁* Sesbania cannabina
247		羊蹄甲属 Bauhinia	羊蹄甲 Bauhinia purpurea
248		银合欢属 Leucaena	银合欢 Leucaena leucocephala
249		皂荚属 Gleditsia	皂荚 Gleditsia sinensis
250		紫荆属 Cercis	紫荆 Cercis chinensis
251		紫穗槐属 Amorpha	紫穗槐* Amorpha fruticosa

续附表 8

编号	科	属	种
252	酢浆草科 Oxalidaceae	酢浆草属 Oxalis	酢浆草 Oxalis corniculata
253	凤仙花科 Balsaminaceae	凤仙花属 Impatiens	凤仙花 Impatiens balsamina
254	卫矛科 Celastraceae	卫矛属 Euonymus	卫矛 Euonymus alatus
255			扶芳藤 Euonymus fortunei
256	冬青科 Aquifoliaceae	冬青属 Ilex	冬青 Ilex chinensis
257	葡萄科 Vitaceae	爬山虎属 Parthenocisus	爬山虎 Parthenocissus tricuspidata
258			东南爬山虎 Parthenocissus austro-orientalis
259		葡萄属 Vitis	葡萄 Vitis vinifera
260		乌蔹莓属 Cayratia	乌蔹莓 Cayratia japonica
261		崖爬藤属 Tetrastigma	台湾崖爬藤 Tetrastigma formosanum
262	山茱萸科 Cornaceae	灯台树属 Bothrocaryum	灯台树 Bothrocaryum controversum
263		青荚叶属 Helwingia	中华青荚叶 Helwingia chinensis
264		四照花属 Cornus	尖叶四照花 Dendrobenthamia angustata
265			四照花 Dendrobenthamia japonica var. chinensis
266	蓝果树科 Nyssaceae	珙桐属 Davidia	珙桐 Davidia involucrata
267			光叶珙桐 Davidia involucrata var. vilmoriniana
268		喜树属 Camptotheca	喜树 Camptotheca acuminata
269	八角枫科 Alangiaceae	八角枫属 Alangium	瓜木 Alangium platanifolium
270	杜仲科 Eucommiaceae	杜仲属 Eucommia	杜仲 Eucommia ulmoides
271	五加科 Araliaceae	楤木属 Aralia	楤木 Aralia chinensis
272		鹅掌柴属 Schefflera	鹅掌柴 Schefflera octophylla
273		五加属 Acanthopanax	吴茱萸五加 Acanthopanax evodiaefolius
274	伞形科 Umbelliferae	柴胡属 Lonicera	柴胡 Lonicera japonica
275		窃衣属 Torilis	窃衣 Torilis scabra
276		水芹属 Oenanthe	水芹 Oenanthe javanica
277		天胡荽属 Hydrocotyle	天胡荽 Hydrocotyle sibthorpioides
278			香菇草 Hydrocotyle vulgaris
279		鸭儿芹属 Cryptotaenia	鸭儿芹 Cryptotaenia japonica
280	海桐花科 Pittosporaceae	海桐花属 Pittosporum	海桐 Pittosporum tobira
281	忍冬科 Caprifoliaceae	荚蒾属 Viburnum	短序荚蒾 Viburnum brevipes
282			合轴荚蒾 Viburnum sympodiale
283			荚蒾 Viburnum dilatatum
284			宜昌荚蒾 Viburnum erosum
285			皱叶荚蒾 Viburnum rhytidophyllum
286		接骨木属 Sambucus	接骨木 Sambucus williamsii
287			八棱麻 Sambucus chinese
288		锦带花属 Weigela	水马桑/半边月 Weigela japonica var. sinica
289		六道木属 Abelia	糯米条 Abelia chinensis
290		忍冬属 Lonicera	忍冬 Lonicera japonica

续附表 8

编号	科	属	种
	半边莲科 Lobeliaceae	半边莲属 Lobelia	半边莲 Lobelia chinensis
		铜锤玉带草属 Pratia	铜锤玉带草* Pratia nummularia
	桔梗科 Campanulaceae	风铃草属 Campanula	风铃草 Campanula medium
294	菊科 Asteraceae	鬼针草属 Bidens	鬼针草 Bidens pilosa
295		白酒草属 Conyza	小蓬草 Conyza Canadensis
296		苍耳属 Xanthium	苍耳 Xanthium sibiricum
297		飞蓬属 Erigeron	一年蓬* Erigeron annuus
298		鬼针草属 Bidens	白花鬼针草 Bidens pilosa var. radiata
299		蒿属 Artemisia	艾 Artemisia argyi
300		藿香蓟属 Ageratum	藿香蓟 Ageratum conyzoides
301		苦荬菜属 Ixeris	苦荬菜 Ixeris polycephala
302		莴苣属 Lactuca	莴苣* Lactuca sativa
303		香青属 Anaphalis	香青 Anaphalis sinica
304		紫菀属 Aster	紫菀 Aster tataricus
305	木犀科 Oleaceae	梣属 Fraxinus	白蜡树 Fraxinus chinensis
306			湖北梣 Fraxinus hupehensis
307		木犀属 Osmanthus	木犀 Osmanthus fragrans
308		女贞属 Ligustrum	小叶女贞 Ligustrum quihoui
309		素馨属 Jasminum	迎春花 Jasminum nudiflorum
310	茜草科 Rubiaceae	白马骨属 Serissa	六月雪 Serissa japonica
311		鸡矢藤属 Paederia	鸡矢藤 Paederia scandens
312		拉拉藤属 Galium	四叶葎 Galium bungei
313			小叶葎 Galium asperifolium var. sikkimense
314		香果树属 Emmenopterys	香果树 Emmenopterys henryi
315		玉叶金花属 Mussaenda	玉叶金花 Mussaenda pubescens
316	马钱科 Loganiaceae	醉鱼草属 Buddleja	醉鱼草 Buddleja lindleyana
317	夹竹桃科 Apocynaceae	络石属 Trachelospermum	络石 Trachelospermum jasminoides
318	萝藦科 Asclepiadaceae	鹅绒藤属 Cynanchum	牛皮消 Cynanchum auriculatum
319	茄科 Solanaceae	红丝线属 Lycianthes	单花红丝线 Lycianthes lysimachioides
320		茄属 Solanum	龙葵 Solanum nigrum
321			茄* Solanum melongena
322	旋花科 Convolvulaceae	甘薯属 Ipomoea	蕹菜* Ipomoea aquatica
323		银背藤属 Argyreia	白花银背藤 Argyreia seguinii

续附表 8

编号	科	属	种
324	玄参科 Scrophulariaceae	腹水草属 Veronicastrum	腹水草 Veronicastrum stenostachyum
325		泡桐属 Paulownia	泡桐 Paulownia duclouxii
326	苦苣苔科 Gesneriaceae	苦苣苔属 Conandron	苦苣苔 Conandron ramondiolides
327	车前科 Plantaginaceae	车前属 Plantago	车前草 Plantago depressa
328	马鞭草科 Verbenaceae	大青属 Clerodendrum	臭牡丹 Clerodendrum bungei
329			海州常山 Clerodendrum trichotomum
330		杜荆属 Vitex	牡荆 Vitex negundo var. cannabifolia
331		紫珠属 Callicarpa	紫珠 Callicarpa bodinieri
332		大青属 Clerodendrum	苦郎树 Clerodendrum inerme
333	唇形科 Lamiaceae	动蕊花属 Kinostemon	动蕊花 Kinostemon ornatum
334		风轮菜属 Clinopodium	风轮菜 Clinopodium chinense
335		夏枯草属 Prunella	夏枯草 Prunella vulgaris
336		紫苏属 Perilla	紫苏 Perilla frutescens
337			野生紫苏 Perilla frutescens var. acuta
338	天南星科 Araceae	菖蒲属 Acorus	石菖蒲 Acorus tatarinowii
339		龟背竹属 Monstera	龟背竹 Monstera deliciosa
340		魔芋属 Amorphophallus	魔芋 Amorphophallus rivieri
341		天南星属 Arisaema	一把伞南星 Arisaema erubescens
342		芋属 Colocasia	芋 Colocasia esculenta
343	薯蓣科 Dioscoreaceae	薯蓣属 Dioscorea	薯蓣 Dioscorea opposita
344	石蒜科 Amaryllidaceae	葱莲属 Zephyranthes	葱莲 Zephyranthes candida
345			韭莲 Zephyranthes grandiflora
346	百合科 Liliaceae	菝葜属 Smilax	菝葜 Smilax china
347		百合属 Lilium	野百合 Lilium brownii
348			宜昌百合 Lilium leucanthum
349		芦荟属 Aloe	芦荟 Aloe vera var. chinensis
350		萱草属 Hemerocallis	黄花菜 Hemerocallis citrina
351			萱草 Hemerocallis fulva
352		沿阶草属 Ophiopogon	沿阶草 Ophiopogon bodinieri
353		油点草属 Tricyrtis	油点草 Tricyrtis macropoda
354		蜘蛛抱蛋属 Aspidistra	一叶兰 Aspidistra elatior blume
355			蜘蛛抱蛋 Aspidistra elatior

续附表 8

编号	科	属	种
356	鸢尾科 Iridaceae	射干属 Belamcanda	射干 Belamcanda chinensis
357		鸢尾属 Iris	马蔺 Iris lactea var. chinensis
358			鸢尾 Iris tectorum
359	兰科 Orchidaceae	兰属 Cymbidium	春兰 Cymbidium goeringii
360	芭蕉科 Musaceae	芭蕉属 Musa	芭蕉 Musa basjoo
361	姜科 Zingiberaceae	姜属 Zingiber	姜 Zingiber officinale
362	鸭跖草科 Commelinaceae	鸭跖草属 Commelina	鸭跖草 Commelina communis
363	灯心草科 Juncaceae	灯心草属 Juncus	灯心草 Juncus effusus
364	莎草科 Cyperaceae	莎草属 Cyperus	扁穗莎草 Cyperus compressus
365			香附子 Cyperus rotundus
366		苔草属 Carex	三穗薹草 Carex tristachya
367	禾本科 Poaceae	白茅属 Imperata	白茅 Imperata cylindrica
368		稗属 Echinochloa	稗 Echinochloa crusgalli
369		赤竹属 Sasa	翠竹 Sasa pygmaea
370			菲白竹 Sasa fortunei
371		慈竹属 Neosino	慈竹* Neosinocalamus affinis
372		刚竹属 Phyllostachys	斑竹* Phyllostachys bambussoides
373			龟甲竹* Phyllostachys heterocycla
374			金镶玉竹* Phyllostachys aureosulcata
375			毛竹 Phyllostachys edulis
376			水竹 Phyllostachys heterocycla
377			人面竹* Phyllostachys aurea
378			紫竹* Phyllostachys nigra
379		狗尾草属 Setaria	狗尾草 Setaria viridis
380			金色狗尾草 Setaria glauca
381		狗牙根属 Cynodon	狗牙根 Cynodon dactylon
382		寒竹属 Chimonobambusa	方竹* Chimonobambusa quadrangularis
383		荩草属 Arthraxon	荩草 Arthraxon hispidus
384		簕竹属 Bambusa	凤尾竹* Bambusa multiplex cv. Fernleaf
385			鼓节竹* Bambusa tuldoides cv. Swolleninternode
386			观音竹* Bambusa multiplex var. riviereorum
387			花毛竹* Phyllostachys heterocycla cv. Tao Kiang
388			木竹* Bambusa rutila

续附表 8

编号	科	属	种
389		马唐属 Digitaria	马唐 Digitaria sanguinalis
390		芒属 Miscanthus	五节芒 Miscanthus floridulus
391		求米草属 Oplismentls	求米草 Oplismenus undulatifolius
392		箬竹属 Indocalamus	箬竹 Indocalamus tessellatus
393		䅟属 Eleusine	牛筋草 Eleusine indica
394		倭竹属 Shibataea	鹅毛竹* Shibataea chinensis
395		蜈蚣草属 Eremochloa	蜈蚣草 Eremochloa ciliaris
396		显子草属 Phaenosperma	显子草 Phaenosperma globosa
397		棕叶芦属 Thysanolaena	棕叶芦* Thysanolaena maxima
398	香蒲科 Typhaceae	香蒲属 Typha	水烛 Typha angustifolia
399			香蒲 Typha orientalis
400	棕榈科 Palmaceae	刺葵属 Phoenix	加拿利海枣* Phoenix canariensis
401		丝葵属 Washingtonia	丝葵* Washingtonia filifera
402		王棕属 Roystonea	王棕* Roystonea regia
403		棕榈属 Trachycarpus	棕榈 Trachycarpus fortunei

图版说明及图版

图版 1

1. 芒萁 Dicranopteris dichotoma
2. 对马耳蕨 Polystichum tsussimense
3. 贯众 Dryopteris setosa
4. 水龙骨 Rhizoma Polypodiodis
5. 单牙狗脊蕨 Woodwardia unigemmata
6. 卷柏 Selaginella tamariscina
7. 问荆 Equisetum arvense
8. 荚果蕨 Matteuccia struthiopteris
9. 蕨菜 Pteridium aquilinum
10. 紫萁 Osmunda japonica
11. 南方红豆杉 Taxus mairei
12. 篦子三尖杉 Cephalotaxus oliveri

图版 2

1. 花旗松 Pseudotsuga menziesii
2. 华山松 Pinus parviflora
3. 青杆 Picea wilsanii
4. 穗花杉 Amentotaxus argotaenia
5. 铁坚油杉 Keteleeria davidiana
6. 云杉 Picea asperata
7. 胡枝子 Lespedeza bicolor
8. 黄檀 Dalbergia hupeana
9. 杜仲 Eucommia ulmoides
10. 椴树 Grewia biloba
11. 海桐 Pittosporum tobira
12. 枫杨 Pterocarya stenoptera

图版 3

1. 野茉莉 Styrax japonicus
2. 长果安息香 Sinojackia dolichocarpa
3. 瓜木 Alangium platanifolium
4. 五味子 Schisandra chinensis
5. 钟萼木 Bretschneidera sinensis
6. 疏花水柏枝 Myricaria laxiflora
7. 算盘子 Glochidion puberum

8. 乌桕 *Sapium sebiferum*
9. 石岩枫 *Mallotus repandus*
10. 糯米条 *Abelia chinensis*
11. 洋槐 *Robinia pseudoacacia*
12. 楹树 *Albizia chinensis*

图版 4

1. 化香 *Platycarya strobilacea*
2. 山核桃 *Carya cathayensis*
3. 胡颓子 *Elaeagnus pungens*
4. 绣球 *Hydrangea macrophylla*
5. 鹅耳枥 *Carpinus turczaninowii*
6. 亮叶桦 *Betula luminifera*
7. 华榛 *Corylus chinensis*
8. 宜昌黄杨 *Buxus ichangensis*
9. 交让木 *Daphniphyllum macropodum*
10. 枫香树 *Liquidambar formosana*
11. 檵木 *Loropetalum chinensis*
12. 中华蚊母 *Distylium chinense*

图版 5

1. 白栎 *Quercus fabri*
2. 枹栎 *Quercus serrata*
3. 槲栎 *Quercus aliena*
4. 麻栎 *Quercus acutissima*
5. 茅栗 *Castanea seguinii*
6. 多脉青冈 *Cyclobalanopsis multinervis*
7. 青冈栎 *Cyclobalanopsis glauca*
8. 石栎 *Lithocarpus glaber*
9. 臭椿 *Ailanthus altissima*
10. 珙桐 *Davidia involucrata*
11. 喜树 *Camptotheca acuminata*
12. 稠李 *Prunus padus*

图版 6

1. 牡荆 *Vitex negundo*
2. 马桑 *Coriaria nepalensis*
3. 凹叶厚朴 *Magnolia officinalis*
4. 巴东木莲 *Manglietia patungensis*
5. 七叶树 *Aesculus chinensis*
6. 毛黄栌 *Cotinus coggygria*
7. 漆树 *Toxicodendron vernicifluum*

8. 青榨槭 *Acer davidii*
9. 五裂槭 *Acer oliverianum*
10. 阔叶槭 *Acer amplum*
11. 香果树 *Emmenopterys henryi*
12. 波叶红果树 *Stranvaesia davidiana*

图版 7

1. 石灰花楸 *Sorbus folgneri*
2. 火棘 *Pyracantha fortuneana*
3. 棠梨 *Pyrus calleryana*
4. 华中樱桃 *Cerasus conradinae*
5. 宜昌荚蒾 *Viburnum dilatatum*
6. 水马桑 *Coriaria sinica*
7. 琴叶榕 *Ficus pandurata*
8. 小叶榕 *Ficus concinna*
9. 连香树 *Cercidiphyllum japonicum*
10. 领春木 *Euptelea pleiosperma*
11. 山矾 *Symplocos caudata*
12. 白檀 *Symplocos paniculata*

图版 8

1. 灯台树 *Bothrocaryum controversum*
2. 四照花 *Dendrobenthamia japonica*
3. 安石榴 *Punicaceae punica*
4. 金弹子 *Diospyros cathayensis*
5. 君迁子 *Diospyros lotus*
6. 羊蹄甲 *Bauhinia linn*
7. 金丝桃 *Hypericum monogynum*
8. 栾木 *Koelreuteria paniculata*
9. 伞花木 *Eurycorymbus cavaleriei*
10. 楤木 *Aralia chinensis*
11. 吴茱萸五加 *Acanthopanax evodiaefolius*
12. 阔叶十大功劳 *Mahonia bealei*

图版 9

1. 水麻 *Debregeasia orientalis*
2. 华中山柳 *Salix pseudotangii*
3. 榔榆 *Ulmus parvifolia*
4. 花椒 *Zanthoxylum bungeanum*
5. 半边莲 *Lobelia chinensis*
6. 苍耳草 *Siberia cocklebur*
7. 过路黄 *Lysimachia christinae*

8. 珍珠菜 *Lysimachia clethroides*
9. 风轮菜 *Clinopodium chinense*
10. 荔枝草 *Salvia plebeia*
11. 紫苏 *Perilla frutescens*
12. 白背叶 *Aralia chinensis*

图版 10

1. 大戟 *Euphorbia pekinensis*
2. 山橿 *Lindera reflexa*
3. 铁苋菜 *Acalypha australis*
4. 田菁 *Seabania cannabina*
5. 凤仙花 *Impatiens balsamina*
6. 黄鹌菜 *Youngia japonica*
7. 香青 *Anaphalis sinica*
8. 野百合 *Crotalaria sessiliflora*
9. 紫菀 *Aster tataricus*
10. 苦苣苔 *Conandron ramondiolides*
11. 五叶地锦 *Parthenocissus quinquefolia*
12. 何首乌 *Fallopia multiflora*

图版 11

1. 虎杖 *Polygonum cuspidatum*
2. 杠板归 *Polygonum perfoliatum*
3. 酸模 *Rumex acetosa*
4. 土大黄 *Rumex madaio*
5. 臭牡丹 *Clerodendrum bungei*
6. 大花细辛 *Asarum macranthum*
7. 黄连 *Coptis chinensis*
8. 小叶葎 *Galium asperifolium*
9. 龙葵 *Solanum nigrum*
10. 金银花 *Lonicera japonica*
11. 水芹菜 *Oenanthe javanica*
12. 鸭儿芹 *Cryptotaenia japonica*

图版 12

1. 地枇杷 *Ficus tikoua*
2. 青荚叶 *Helwingia japonica*
3. 猫儿屎 *Decaisnea insignis*
4. 牛膝 *Achyranthes bidentata*
5. 淫羊藿 *Epimedium davidii*
6. 火焰草 *Sedum drymarioides*
7. 冷水花 *Pilea notata*

8. 楼梯草 *Elatostema involucratum*
9. 糯米团 *Memorialis hirta*
10. 苎麻 *Boehmeria nivea*
11. 血水草 *Eomecon chionantha*
12. 酢浆草 *Oxalis corniculata*

图版 13

1. 翠雀花 *Delphinium elatum*
2. 马兰 *Kalimeris indica*
3. 鸭脚板 *Ranunculus sieboldii*
4. 雀稗 *Paspalum scrobiculatum*
5. 三叶木通 *Akebia trifoliata*
6. 山木通 *Clematis finetiana*
7. 铜锤玉带草 *Pratia nummularia*
8. 威灵仙 *Clematis chineniss*
9. 山莓 *Rubus corchorifolius*
10. 野鸦椿 *Euscaphis japonica*
11. 菝葜 *Smilax china*
12. 中华猕猴桃 *Actinidia chinensis*

图版 14

1. 油点草 *Tricyrtis macropoda*
2. 灯心草 *Juncus effusus*
3. 扁担杆 *Grewia biloba*
4. 大青 *Clerodendrum cyrtophyllum*
5. 莎草 *Cyperus rotundus*
6. 香附子 *Cyperus rotundus*
7. 繁缕 *Stellaria media*
8. 石菖蒲 *Acorus tatarinowii*
9. 魔芋 *Amorphophallus konjac*
10. 半夏 *Pinellia ternata*
11. 天南星 *Arisaema erubescens*
12. 鸭跖草 *Commelina communis*

图版 15

1. 黑耳鸢 *Milvus lineatus*
2. 白冠燕尾 *Enicurus leschenaulti*
3. 灰背燕尾 *Enicurus schistaceus*
4. 北红尾鸲 *Phoenicurus auroreus*
5. 红尾水鸲(雄) *Phoenicurus fuliginosus*
6. 红尾水鸲(雌) *Phoenicurus fuliginosus*
7. 领雀嘴鹎 *Spizixos semitorques*

8. 绿翅短脚鹎 *Ixos mcclellandii*
9. 黑(短脚)鹎 *Hypsipetes leucocephalus*
10. 白颊噪鹛 *Garrulax sannio*
11. 栗头鹟莺 *Seicercus castaniceps*
12. 棕脸鹟莺 *Abroscopus albogularis*

图版 16

1. 三峡大坝远眺
2. 新滩滑坡
3. 大老岭风光
4. 天柱山高山矮林
5. 屈原祠
6. 泗溪天坑障谷
7. 泗溪五叠水
8. 迷宫泉水
9. 娄山关组白云岩刀砍纹
10. 震旦角石(中奥陶世)
11. 消落带草甸
12. 消落带水痕

图版 1

图版 2

图版说明及图版

图版 3

图版 4

图版 5

图版 6

图版 7

图版 8

图版 9

图版 10

图版 11

图版 12

图版 13

图版 14

图版 15

图版 16